Methoden zur Evaluation der informellen Hierarchie als Erfolgsfaktor der Teamarbeit vor dem Hintergrund von New Work

---

Philip Diszlberger, M.Sc.

Reihe: „Informelle Hierarchie und Rangdynamik“

Forschungsarbeiten zur Gruppendynamik, Rangdynamik und informeller Hierarchie im Kontext von New Leadership, New Work, dezentraler Arbeitsorganisation, agilem Projektmanagement, betriebliche Gesundheit, Team Performance und Pädagogik

- www.informelle-hierarchie.de

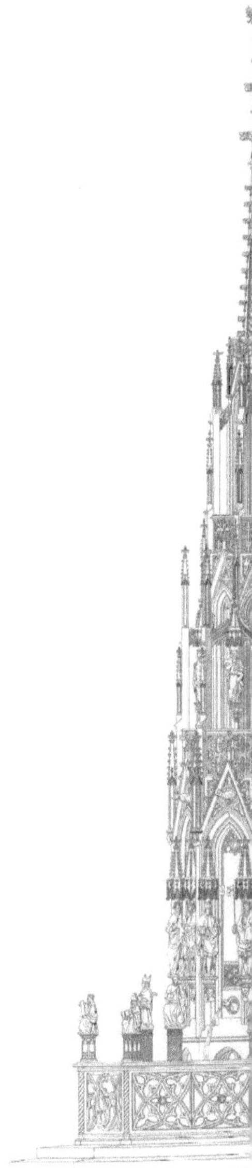

Schöner Brunnen, Nürnberg

Autor: Philip Diszlberger, M.Sc.
FOM Hochschule für Oekonomie & Management gGmbH, Nürnberg
‣ www.fom.de

Herausgeber: Prof. Dr.-Ing. Dipl.-Inf. (FH) Peter H. Vatter
Prof. Dr. Frank Müller M.A.

FOM Hochschule für Oekonomie & Management gGmbH, Nürnberg
Institut für Arbeit und Personal (iap)
‣ www.fom.de ‣ www.fom.de/iap

ISBN (Print) 978-3-98933-000-9
ISBN (eBook) 978-3-98933-001-6

Die Deutsche Nationalbibliothek verzeichnet diese Publikation in der Deutschen Nationalbibliografie. Detaillierte bibliografische Informationen sind im Internet unter https://katalog.dnb.de abrufbar.

Noricum Wissenschaftliches Buchhaus ist eine Marke der Noricum Consulting GmbH, Südwestpark 37-41, 90449 Nürnberg, Druck und Distribution: tredition GmbH, Ahrensburg. Printed in Germany

Die vorliegende

Master-Thesis

wurde durch den Autor unter dem Titel

Methoden zur Evaluation der informellen Hierarchie als Erfolgsfaktor der Teamarbeit vor dem Hintergrund von New Work

am 04.02.2022 an der

FOM Hochschule für Oekonomie & Management gGmbH,
Studienzentrum Nürnberg

zur Erlangung des Grades

Master of Science (M.Sc.)

in einer inhaltlich identischen Fassung
eingereicht.

Die Verteidigung wurde am 25.02.2022 erfolgreich abgelegt.

1. Gutachter:	Prof. Dr. Peter Vatter
2. Gutachter:	Prof. Dr. Frank Müller, M.A.

Inhaltsverzeichnis

Abbildungsverzeichnis

Tabellenverzeichnis

Abkürzungsverzeichnis

DGGO	Deutsche Gesellschaft für Gruppendynamik und Organisationsdynamik
G	Gegenüber / Gegner in Raoul Schindlers Modell der Rangdynamik
ÖAGG	Österreichischer Arbeitskreis für Gruppentherapie und Gruppendynamik
ÖGGO	Österreichische Gesellschaft für Gruppendynamik und Organisationsberatung
MIT	Massachusetts Institute of Technology
NTL	National Trainings Laboratories
VUCA	Akronym (volatility, uncertainty, complexity, ambiguity) zur Beschreibung von Herausforderungen, vor denen Unternehmen vor allem durch die Digitalisierung und Globalisierung stehen

1 Einleitung

1.1 Problemstellung und Forschungsbedarf

Gruppen sind in der menschlichen Existenz allgegenwärtig und gleichzeitig etwas Selbstverständliches. Man wird in eine Gruppe hineingeboren, lernt, spielt und arbeitet in Gruppen wie der Familie, der Freunde, der Schulklasse, der Sportmannschaft, der Arbeitsgruppe und noch vielen weiteren. Dabei wird sich innerhalb der Gruppe in verschiedensten Rollen bewegt, meist ohne dass Gruppendynamiken, also die Veränderungen und Kräfteverhältnisse zwischen den beteiligten Personen, bewusst wahrgenommen werden.[1]

Im Zuge der anhaltenden Digitalisierung und den sich verändernden Rahmenbedingungen der Unternehmensführung in der VUCA-Welt haben viele Unternehmen verstanden, dass die damit einhergehenden neuen Herausforderungen eine Veränderung der Arbeitskultur und Organisation erfordern. Alte und starre Strukturen werden durch kürzere Produkt- und Technologiezyklen als hinderlich empfunden. Organisationen müssen flexibel auf sich ändernde Kunden- und Marktanforderungen reagieren, um nicht an Wertschöpfung und Innovationskraft zu verlieren.[2]

Um diesen Anforderungen gerecht zu werden, setzen viele Unternehmen auf New Work, was als Sammelbegriff für neue Arbeitsmodelle und Arbeitsformen, wie beispielsweise agile Projektteams, steht. Ein agiles Team soll durch die enge Zusammenarbeit schneller, kreativer und kundenorientierter auf Probleme reagieren können. Dabei soll die weitgehende Selbststeuerung zu einer höheren Arbeitszufriedenheit und Produktivität der Teammitglieder führen.[3]

Gleichzeitig bedeutet dieser Trend, dass sich Mitarbeiter immer häufiger in neue Gruppenzusammenhänge einfügen müssen und somit die Fähigkeit und Bereitschaft zur Arbeit in kurzlebigen und teils virtuellen Teams stärker gefordert wird.[4] Es wird dabei immer erforderlicher, die Gruppe, ihre Dynamik und ihre informellen Hierarchien wahrnehmen und verstehen zu können, damit eine aktive Mitgestaltung der Gruppe und eine erfolgreiche Arbeit möglich ist.[5]

---

[1] Vgl. König/Schattenhofer, 2018, S. 9.
[2] Vgl. Werro, 2017, S. 1.
[3] Vgl. Stützle-Hebel, 2020, S. 300.
[4] Vgl. Stahl, 2017, S. 21.
[5] Vgl. König/Schattenhofer, 2018, S. 10.

Die Einflussfaktoren in Hinblick auf informelle Hierarchien und Gruppendynamiken in der digitalen Arbeitskultur und in New Work Teams sind dabei in der gegenwärtigen Literatur bisher nur unzureichend erforscht. Es existiert eine Vielzahl an Modellen und Theorien zur Beschreibung der Dynamik in Gruppen. Diese sind jedoch mehrheitlich bis in die 1980er Jahre entstanden. Eine Anwendung und Gültigkeit bestehender Modelle auf aktuelle Einflüsse moderner Arbeitskulturen ist daher nicht belegt. Die Gruppendynamik spielt aktuell, verglichen mit dem früheren Forschungsbemühungen während des Gruppenbooms, eine vermeintlich geringe Rolle im wissenschaftlichen Diskurs.[6] Oder, um es in den Worten von Oliver König, einem der am häufigsten zitierten deutschsprachigen Autoren zur Gruppendynamik, auszudrücken:

„Der aufklärerische Impetus, mit dem diese Disziplinen einmal angetreten waren, ist still und leise in sich zusammengesunken."[7]

Aufgrund der immer größer werdenden Veränderung von Arbeitszusammenhängen scheint die Untersuchung der Gruppendynamik auf die erfolgreiche Gruppenarbeit jedoch wichtiger denn je.

1.2 Zielsetzung und Gang der Untersuchung

Vor diesem Hintergrund soll der Fokus der vorliegenden Arbeit auf zwei Aspekten liegen. Zum einen gilt es, eine umfassende Literaturanalyse zum aktuellen Stand und der Forschungsentwicklung zur Gruppendynamik vorzunehmen. Dabei sollen insbesondere Originalquellen der in der Literatur prominent auftretenden Autoren bearbeitet werden. Eine Sammlung bzw. Einordnung dieser Quellen in einem Übersichtswerk ist dem Autor dieser Arbeit zum gegenwärtigen Zeitpunkt nicht bekannt. Daher soll der theoretische Hintergrund, gepaart mit aktuellen Veröffentlichungen aus Fachzeitschriften und wissenschaftlichen Publikationen vor allem aus der stark angloamerikanisch und deutschsprachig geprägten Gruppenforschung, umfangreich und breit dargestellt werden. Eine zeitliche Einordnung der Forschungsbemühungen zu aktuellen arbeitskulturellen Entwicklungen soll die entstandene Forschungslücke verdeutlichen.

Des Weiteren soll eine Methodik entwickelt werden, mit der es möglich sein soll, Tendenzen von Individuen zu gruppendynamischen Positionen zu ermitteln. Dies erfolgt anhand eines Fragebogens zur Selbsteinschätzung. Im Zuge der Ausarbeitung wird ein Fragebogen zur Selbsteinschätzung, basierend auf Persönlichkeitseigenschaften, erstellt und verprobt. Eine Analyse der Umfrageergebnisse soll zeigen, inwieweit die gewählte Methode der Selbsteinschätzung generell und im Speziellen der

[6] Vgl. Ermann, 2017, S. 279.
[7] Vgl. König, 2003, S. 199.

ausgearbeitete Fragebogen zur gruppendynamischen Positionsermittlung herangezogen werden kann. Dies soll anhand einer Clusteranalyse erfolgen. Ein Abgleich der zu erkennenden Cluster mit bestehenden Gruppenstruktur-Modellen soll einen Hinweis auf empirische Beweisbarkeit liefern. Aufbauend auf den Erkenntnissen der Literaturanalyse, des Fragenbogens zur Selbsteinschätzung, der Datenanalyse sowie der Plausibilisierung der Ergebnisse, sollen mögliche nächste Schritte und Ansatzpunkte zur weiteren Erforschung der Thematik identifiziert werden.

Daher soll diese Arbeit insbesondere als Grundlage für weitere tiefergehende Untersuchungen zum Themenschwerpunkt der Gruppendynamik in Zusammenhang mit dem Konzept von New Work dienen.

2 Stand der Forschung

Im folgenden Kapitel werden die theoretischen Grundlagen für diese Arbeit dargelegt. Dafür werden zunächst die Begriffe Gruppe, Team und Gruppendynamik konkretisiert. Im Anschluss erfolgt die Differenzierung der Begriffe Rolle, Funktion sowie Position. Abschließend werden die zentralen Aspekte zum Forschungsstand der Gruppendynamik aufgezeigt.

2.1 Begriffsklärung

Einige der in dieser Arbeit zentralen Begrifflichkeiten werden im Alltag häufig gebraucht, ohne dass eine allgemeine Einigkeit über deren Bedeutung besteht. Es ist daher notwendig, ebendiese Bezeichnungen zu konkretisieren und verschiedene Definitionen der sozialwissenschaftlichen Literatur gegenüberzustellen.

2.1.1 Der Begriff der Gruppe

Für den Begriff der Gruppe existiert in der Literatur eine Vielzahl an Definitionen. Exemplarisch dafür soll ein Überblick der Definitionen von Rechtien, Schindler, Antons et al., König und Schattenhofer, Stahl, sowie Lewin in Tabelle 1 erfolgen.

Sofern die Charakteristik der Gruppengröße in der jeweiligen Definition Anwendung findet, sehen die genannten Autoren eine Mindestanzahl von drei Personen als erforderlich, um von einer Gruppe sprechen zu können. Dazu müssen diese Personen ein gemeinsames Ziel oder eine gemeinsame Aufgabe verfolgen bzw. erfüllen.

Eine Orientierung bezüglich der maximalen Personenanzahl einer Gruppe nennen Antons et al. und Rechtien in ihren Definitionen. Rechtien sieht die Obergrenze bei ca. 25 Personen, da die relative Kleinheit der Gruppe notwendig ist, um aufeinander bezogene Rollen, Funktionen und Positionen ausbilden zu können.[8] Antons et al. begründet die Obergrenze mit der Ausbildung von Untergruppen. So wird eine Gruppe ab einer Größe von ca. zwölf Personen zu unübersichtlich für einzelne Gruppenmitglieder, wodurch sich laut Antons et al. in der Regel Untergruppen bilden.[9] Auch Stahl führt neben seiner Definition der Gruppe noch zusätzliche Gedanken zur maximalen Gruppengröße aus. Demnach werde die Gruppe ab etwa 18 Personen zu groß, wodurch ein Kontakt der

[8] Vgl. Rechtien, 2007, S. 5.
[9] Vgl. Antons et al., 2019, S. 67.

Tabelle 1: Definitionen des Begriffs Gruppe

Autor	Definition
Rechtien[10]	Eine Gruppe ist charakterisiert durch fünf Merkmale: 1. 3 bis ca. 25 Personen 2. Face-to-face-Kommunikation 3. Übereinstimmende Ziele und Werte 4. Aufeinander bezogene Rollen, Funktionen und Positionen 5. Zeitliches Bestehen ohne Mindestzeitraum
Schindler[11]	„Das Phänomen Gruppe entsteht, wenn mehr als 2 Menschen sich gegenüber einem gemeinsamen Ziel zu einem Aktionswillen zusammenschließen“
Antons et al.[12]	Eine Gruppe muss vier Voraussetzungen erfüllen: 1. 3 bis ca. 12 Personen 2. Gemeinsames Gruppenziel 3. Zeitliches Bestehen über einen längeren Zeitraum 4. Beziehungen und Abhängigkeiten untereinander
König/ Schattenhofer[13]	Eine Gruppe ist charakterisiert durch vier Merkmale: 1. Mindestens 3 Personen 2. Gemeinsames Gruppenziel oder Aufgabe 3. Face-to-face-Kommunikation 4. Zeitliches Bestehen von mindestens 3 Stunden
Stahl[14]	„Das zielgerichtete und abgestimmte Miteinander ist die wesentliche und hinreichende Voraussetzung, um von Gruppe sprechen zu können.“
Lewin[15]	„Eine Gruppe ist am besten zu definieren als ein dynamisches Ganzes, das mehr auf gegenseitiger Abhängigkeit als auf Ähnlichkeit beruht.“

Quelle: Eigene Darstellung

[10] Vgl. Rechtien, 2007, S. 5.
[11] Schindler, 1957a, S. 227.
[12] Vgl. Antons et al., 2019, S. 67.
[13] Vgl. König/Schattenhofer, 2018, S. 10.
[14] Stahl, 2017, S. 30.
[15] Lewin, 1953, S. 256.

Gruppenmitglieder untereinander nicht hinreichend ausgeprägt werden kann. Die Folge daraus seien dann ebenfalls Ausgründungen von Untergruppen.[16]

Die Voraussetzung einer face-to-face-Kommunikation beschreiben König und Schattenhofer sowie Rechtien. Dabei fordern König und Schattenhofer lediglich „die Möglichkeit der direkten (face-to-face-)Kommunikation“[17], ohne explizit auf weitere Formen der Kommunikation, wie beispielsweise das Telefon, Formen der Videotelefonie oder andere moderne Kommunikationsmittel, einzugehen. Rechtien hingegen sieht unmittelbaren „(face-to-face-) Kontakt zwischen den Gruppenmitgliedern, im Gegensatz zu vermitteltem Kontakt etwa durch Briefe, Telefon oder andere Medien“[18] als notwendiges Merkmal. Diese Formulierung verwundert insoweit, da unter dieser Voraussetzung eine Mehrzahl an virtuell zusammenarbeitenden Personen laut Rechtien keine Gruppe darstellen würde.

Eine Einschränkung des Begriffs der Gruppe, sei es aufgrund verwendeter Kommunikationsmedien oder geografischer Distanzen zwischen mehreren Personen, sieht der Autor dieser Arbeit insbesondere im Hintergrund der sozialgesellschaftlichen Ausnahmesituation durch die Corona-Pandemie als äußert fraglich. Aufgrund ihrer Kürze, Einfachheit und Prägnanz soll für den weiteren Verlauf dieser Arbeit die Definition der Gruppe nach Schindler verwendet werden.

2.1.2 Das Team als Sonderform der Gruppe

Während im alltäglichen Gebrauch häufig das Wort Gruppe verwendet wird, spielt der Begriff des Teams insbesondere in arbeits- und aufgabenbezogenen Situationen eine Rolle. Dabei handelt es sich bei jedem Team um eine Gruppe, andersherum jedoch nicht bei jeder Gruppe um ein Team.[19]

Der Begriff des Teams hat mit der steigenden Verbreitung von Projektgruppen und (teil)autonomen Gruppen stark an Bedeutung gewonnen. Gerade in den 1990er Jahren hat die Teamarbeit als Alternative zu den streng hierarchischen Strukturen in Unternehmen Einzug gehalten. Damit scheint auch die Wiederbelebung von wissenschaftlichen Betrachtungen gruppendynamischer Fragen und Trainingsformen in der Forschung in diesem Zeitraum erklärt zu sein.[20]

[16] Vgl. Stahl, 2017, S. 30.
[17] König/Schattenhofer, 2018, S. 10.
[18] Rechtien, 2007, S. 5.
[19] Vgl. König/Schattenhofer, 2018, S. 18.
[20] Vgl. König/Schattenhofer, 2018, S. 19.

2.1.3 Gruppendynamik

In der einschlägigen Fachliteratur zur Gruppendynamik erfolgt die Definition des Begriffes häufig anhand einer Abgrenzung in zumindest drei verschiedenen Bedeutungen:[21, 22, 23, 24, 25]

1. Gruppendynamik als Beschreibung und Untersuchung der Kräfte, die innerhalb einer Gruppe untereinander wirken.
2. Gruppendynamik als die wissenschaftliche Erforschung der Prozesse zur Normen- und Strukturbildung, der Interdependenzen zwischen Gruppenmitgliedern und der Beziehung zu anderen Gruppen.
3. Gruppendynamik als Verfahren und Technik zur Verdeutlichung und Beeinflussung der Dynamik in Gruppen.

Der erste Punkt beschreibt dabei vor allem Phänomene wie „die Gruppenbildung, Rollenentwicklung, Führung, Macht, Beeinflussung“[26], also Kräfte, durch die psychologisch beschreibbare Veränderungen hervorgerufen werden.[27] Dieser sozialpsychologische Ansatz entsteht aus der experimentellen Betrachtung der Gruppe. Die Gruppe fungiert nicht als Gegenstand der Untersuchung per se, sondern als Ort, an dem Sozialverhalten untersucht wird.[28]

Die Erforschung der in der Gruppe und zu anderen Gruppen ablaufenden Prozesse erfasst als eine Disziplin der Sozialwissenschaften u.a. die Gruppenproduktivität in Abhängigkeit der Größe und Struktur der Gruppe und den Prozess der Herausbildung verschiedener Gruppenfunktionen und Rollen.[29]

Die Gruppendynamik dient Trainern und Coaches als Werkzeug zur Verdeutlichung und Beeinflussung der Gruppen. Gruppendynamische Methoden wie Kommunikationsübungen, Prozessanalysen oder Rollenspiele helfen dabei, das Geschehen in Gruppen zu beschreiben und besser zu verstehen.[30] Anhand gruppendynamischer Trainingsgruppen kann den Teilnehmern das Phänomen der Gruppendynamik veranschaulicht werden und sie so auf ablaufende Dynamiken und Prozesse sensibilisieren.[31]

---

[21] Vgl. Rechtien, 2007, S. 5f.
[22] Vgl. König/Schattenhofer, 2018, S. 12f.
[23] Vgl. Luft, 1977, S. 11.
[24] Vgl. Krege, 1977, S. 111.
[25] Vgl. Bachmann, 2017, S. 224.
[26] Rechtien, 2007, S. 6.
[27] Vgl. König/Schattenhofer, o.J., o.S.
[28] Vgl. Krege, 1977, S. 110.
[29] Vgl. Rechtien, 2007, S. 6; König/Schattenhofer, 2018, S. 13.
[30] Vgl. Rechtien, 2007, S. 7.
[31] Vgl. Österreichische Gesellschaft für Gruppendynamik und Organisationsberatung, o.J., o.S.

2.1.4 Formelle und informelle Rollen in Gruppen

Bei Rollen[32] handelt es sich ähnlich wie bei sozialen Normen um Verhaltenserwartungen.[33] Diese Erwartungen richten sich jedoch nicht an alle Mitglieder eines sozialen Kontexts, sondern lediglich an die jeweiligen Inhaber einer bestimmten Position innerhalb der Gruppe.[34]

Dabei können Rollen innerhalb einer Gruppe in zwei Typen unterteilt werden: formell und informell. Die formelle Rolle entspricht dem offiziellen Titel, der Position oder dem Status einer Person innerhalb der Gruppe oder des Teams und bringt Verhaltensweisen im Zusammenhang mit seinen offiziellen Pflichten und Verantwortlichkeiten mit sich.[35] Als Beispiel kann die Rolle des Teamleiters gelten. Ein Unternehmen besetzt diese Rolle offiziell mit einer Person und informiert den Rest des Teams über die Entscheidung. Die Verhaltensweisen des Teamleiters ergeben sich durch die Verantwortlichkeiten und Verpflichtungen aus der formellen Rolle.

Im Unterschied dazu repräsentiert eine informelle Rolle die tatsächlichen Verhaltensmuster einer Person im Gegensatz zu den Pflichten und Verantwortlichkeiten, die eine Person durch die formelle Rolle erfüllen soll. Mit anderen Worten: formale Rollen geben vor, wie sich Teammitglieder verhalten sollten, wohingegen informelle Rollen das tatsächliche Verhalten der Teammitglieder widerspiegeln.[36]

Gibt es innerhalb einer Gruppe gravierende Differenzen zwischen formeller und informeller Rollenstruktur, so kann dies häufig zu ernsthaften Krisen oder einer Neuausrichtung bzw. Neuformierung der Gruppe führen.[37]

2.1.5 Soziale Hierarchie in Gruppen

Die soziale Hierarchie ist eine implizite oder explizite Rangordnung von Einzelpersonen oder Gruppen im Hinblick auf einen sozialen Kontext.[38] Implizit und explizit beschreibt dabei die Bandbreite des Bewusstseins, das die Menschen von den Hierarchien haben, in die sie eingebunden sind. Hierarchien können durch Regeln abgegrenzt und einvernehmlich vereinbart oder subjektiv verstanden und für gegeben gehalten werden.

[32] Für eine ausführliche Definition und Herleitung der Begriffsbedeutung „Rolle" wird an dieser Stelle auf Moreno, 1960, S. 80–87 verwiesen.
[33] Vgl. Stürmer/Siem, 2013, S. 21; Luft, 1977, S. 36.
[34] Vgl. Geramanis, 2017, S. 40; Rechtien, 2007, S. 148.
[35] Vgl. Hare, 1994, S. 444.
[36] Vgl. Hare, 1994, S. 444.
[37] Vgl. Rechtien, 2007, S. 148.
[38] Vgl. Magee/Galinsky, 2008, S. 354.

Die Bezeichnung Hierarchie verdeutlicht, dass mindestens eine Person oder Gruppe mindestens einer anderen Person oder Gruppe untergeordnet sein muss.[39]

Wie Rollen können Hierarchien innerhalb und zwischen Gruppen oder Personen in zwei Typen unterteilt werden: formell und informell. Um eine Hierarchie auszubilden, müssen sich die Mitglieder der sozialen Gruppen entweder an der Schaffung eines formalen Systems mit nach Rang geordneten Rollen beteiligen oder sie nehmen an einem Prozess informeller Interaktion teil.[40]

Wenn Gruppen und Organisationen wachsen und ihre Arbeit komplexer wird, neigen sie dazu, Hierarchien mehr und mehr formell zu definieren. Das Organigramm ist zum Beispiel eine visuelle Darstellung der formellen Hierarchie eines Unternehmens. Trotz dieser formellen Hierarchien sind informelle Hierarchien etwas Allgegenwärtiges in Gruppen. Informelle Hierarchien bilden sich jederzeit und in jeder Gruppe[41] ungeplant aus.[42] Eine Studie von Oezdes et al. konnte zudem zeigen, dass Gruppen ohne formelle Führung stärkere informelle Hierarchien entwickeln als Gruppen mit formeller Führung.[43]

2.2 Forschungsentwicklung zur Gruppendynamik

Wie im vorgehenden Kapitel bereits herausgearbeitet wurde, handelt es sich bei Gruppendynamik sowohl um ein Forschungs- als auch Anwendungsgebiet innerhalb der Psychologie und Sozialwissenschaft. Um den aktuellen Forschungsstand zu verstehen, gilt es die Ursprünge und Entstehung der Gruppendynamik genauer zu betrachten. Dabei gelten insbesondere Kurt Lewin, Jacob Levi Moreno und Raoul Schindler als die Väter der Gruppendynamik.[44] Die historische Betrachtung der Entstehung der Gruppendynamik ist insoweit relevant, als dass eine gegenseitige Prägung unter den zentralen Akteuren stattgefunden hat.

2.2.1 Lewin als Urheber der Gruppendynamik

Die Wurzeln der Gruppendynamik als Fachdisziplin liegen in den USA. Als zentrale Person und Entdecker der Gruppendynamik gilt der deutschjüdische, während des nationalsozialistischen Regimes nach Amerika emigrierte Psychologe Kurt Lewin.

[39] Vgl. Magee/Galinsky, 2008, S. 354.
[40] Vgl. Busch/Link, 2021, S. 12.
[41] Die Bildung informeller Hierarchien konnte, angefangen bei Gruppen von Vorschulkindern (vgl. dazu Strayer/Strayer, 1976, S. 980–989) bis hin zu Top-Management-Teams (vgl. dazu He/Huang, 2011, S. 1119–1139), empirisch belegt werden.
[42] Vgl. Evans/Sanner, 2021, S. 3.
[43] Vgl. Oedzdes et al., 2017, S. 311–323.
[44] Vgl. Bachmann, 2017, S. 223.

Lewin arbeitete in den 1930er Jahren an der Universität Stanford und später am Massachusetts Institute of Technology in Boston an experimentellen Feldforschungen.[45] Sein Interesse galt vor allem den Wirkungen sozialer Systeme und der Verhaltensänderung von Individuen oder Gruppen bei Veränderung der sozialen Strukturen.[46] Stark geprägt war Lewin durch seine Beobachtungen von nationalsozialistischen Praktiken und dem Elend des Zweiten Weltkriegs. So versuchte er während des Krieges mit Hilfe von Gruppenmethoden Individuen zur Veränderung ihrer Ernährung zu überzeugen. Ziel war es, den Verzehr von verfügbaren, aber ungewollten Nahrungsmitteln wie Hirn oder Nieren zu steigern. Daneben widmete sich Lewin der Untersuchung von Praktiken wie der Umerziehung von Jugendlichen in der Hitlerjugend und der Indoktrinierung der deutschen Bevölkerung zum Judenhass.[47] Mit seinem Team untersuchte er die Rolle sich selbst steuernder Gruppen auf die Beeinflussung autoritärer Führungsstrukturen und die Dynamik rassistischer Diskriminierung.[48]

Der genaue Werdegang der Anfänge und Schöpfung der Gruppendynamik ist in der Literatur teils mythisch[49] beschrieben, geht aber wohl als Zufallserkenntnis aus Lewins Forschungen hervor.[50] So soll er festgestellt haben, dass Vorstellungen und soziale Verhaltensweisen innerhalb von Gruppen anhand von Gruppendiskussionen und Gruppenentscheidungen besser beeinflusst werden können, als dies mit Vorträgen und individuellen Gesprächen möglich war.[51] Diese Erkenntnis der Selbstreflektion in sozialen Systemen bildete die Grundlage für die Etablierung der Bewegung um das Phänomen Gruppendynamik.[52] Auf das Drängen Lewins wurde im Jahr 1945 das Research Center für Group Dynamics am MIT gegründet.[53]

2.2.2 Morenos Beitrag zur Entwicklung der Gruppendynamik

Etwa zeitgleich entwickelte der im Jahr 1925 ebenfalls in die USA emigrierte Wiener Psychiater Jacob Levi Moreno seine Gruppen- und Forschungskonzepte. Das Psychodrama[54] und die Soziometrie[55] gelten als stark übereinstimmende Konzepte zur Idee Lewins.[56]

---

45 Vgl. Wimmer, 2008, S. 38.
46 Vgl. Lewin et al., 1939, S. 271–299; Yalom, 1974, S. 174f.
47 Vgl. Yalom, 1974, S. 376.
48 Vgl. Lewin, 1953, S. 122; Wimmer, 2008, S. 38.
49 Vgl. Lindner, 1996, S. 29; Schwarz, 2005, S. 350.
50 Vgl. Schwarz, 2005, S. 350; König/Schattenhofer, 2018, S. 11.
51 Vgl. Luft, 1977, S. 12.
52 Vgl. Wimmer, 2008, S. 38.
53 Vgl. Rechtien, 2007, S. 12.
54 Für eine detaillierte Darstellung des Themenbereichs des Psychodramas wird an dieser Stelle auf Moreno, 1960, S. 62ff. verwiesen.
55 Für eine detaillierte Darstellung des Themenbereichs der Soziometrie wird an dieser Stelle auf Moreno, 1967, S. 1–46 verwiesen.
56 Vgl. König/Schattenhofer, 2018, S. 12.

Beim Psychodrama handelt es sich um eine handlungsorientierte Methode zur Lösung sozialer und emotionaler Konflikte in Gruppen. Anhand eines Rollenspiels kann ein Protagonist ein Problem gemeinsam mit anderen Gruppenmitgliedern oder auch Hilfs-Ichs szenisch darstellen. Dabei informiert der Protagonist alle anderen Darsteller über die Art und Weise, wie die Szene vorgestellt werden soll. Mit Hilfe von Techniken wie Rollentausch, Spiegeln oder Doppeln werden die Blickwinkel des Protagonisten und der Gruppenteilnehmer auf die Konfliktsituation durchgetauscht und gewechselt. Das Psychodrama soll bei allen beteiligten Personen zu einem tieferen Verständnis für den jeweiligen Konflikt des Protagonisten oder der Gruppe führen und helfen diesen zu bewältigen.[57]

Die Untersuchung der Soziometrie beginnt „mit der Erforschung der Entwicklung und Organisation der Gruppe und der Individuen in ihr"[58]. Kern ist die Erstellung eines Soziogramms, also der grafischen Darstellung von Beziehungen innerhalb einer Gruppe anhand eines Netzwerkes. Zur Verdeutlichung zeigt Abbildung 1 ein beispielhaftes Soziogramm.[59]

Abbildung 1: Beispiel eines Soziogramms

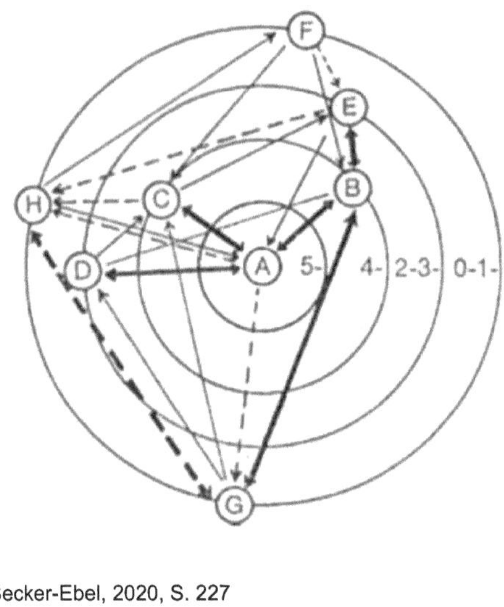

Quelle: von Ameln/Becker-Ebel, 2020, S. 227

[57] Vgl. von Ameln/Becker-Ebel, 2020, S. 8f.
[58] Moreno, 1967, S. 29.
[59] Vgl. Amann, 2004, S. 301.

Mit seiner Arbeit lieferte Moreno weitere grundlegende Erkenntnisse zur Betrachtung und Reflektion der sozialen Dynamik innerhalb von Gruppen. Nach Moreno wird die Entwicklung eines Menschen durch seine Beziehungen und Interaktionen in Gruppen bestimmt.[60]

Zwar verwendete Moreno den Begriff Gruppendynamik (englisch: group dynamics) bereits im Jahr 1938 und damit vor Lewin, jedoch kann der Anspruch auf Urheberschaft laut Rechtien lediglich zeitlich und nicht inhaltlich gesehen werden. Morenos Ansätze im Zusammenhang mit Gruppendynamik waren zu dieser Zeit eher intuitiv und im Gegensatz zu Lewins Forschung noch nicht experimentell.[61] Moreno selbst sieht bereits 1954 seine Beachtung der Soziometrie zur Gruppendynamik als erfolgsversprechenden Fortschritt in der Forschung. Aus einer fehlenden soziometrischen Betrachtung schlussfolgert Moreno eine schlechte Anordnung und ungenügende analytische Vorbereitung für Experimente.[62] Er selbst kommt zu dem Schluss, dass „Lewins Vorgehen zwar logisch elegant, aber ungenügend in seinen Voraussetzungen ist“[63].

2.2.3 Der Weg der Gruppendynamik nach Europa

Während in den USA bereits seit 1946 Trainings und Forschungsveranstaltungen am National Trainings Laboratories unter der Leitung Kurt Lewins zum Thema Gruppendynamik stattfanden, war der Forschungszweig in Europa gänzlich unbekannt.[64] Nach Lewins Tod 1947 wurde diese Arbeit durch seine Schüler und Mitarbeiter Kenneth D. Benne, Leland P. Bradford, Gordon Lippit und Ronald Lippit[65] weitergeführt.[66]

Im Zuge des Marshallplans kam Gordon Lippit 1953 nach Europa, um neue Entwicklungen im Bereich der Managementtechniken bekannt zu machen. In Wien stieß Lippit auf den für Betriebsuntersuchungen und Managementtraining zuständigen Traugott Lindner.[67] Vorausgehend zu seiner ersten Begegnung mit Lippit zitiert Lindner seinen Chef: „Ich habe da drinnen wieder so einen Ami sitzen, ein Wahnsinniger, denn ich verstehe nur Bahnhof von dem was er sagt. Hören Sie sich das selber an.“[68] Lindner, der nach eigener Aussage bis dahin noch nie von Gruppendynamik gehört hatte, war von Lippits Begeisterung so überzeugt, dass er diesen zu einem Probeseminar mit gruppendynamischen Übungen einlud.[69] Aufgrund des Erfolges dieses Seminars fand

[60] Vgl. Ullmann/Jörg, 2019, S. 398.
[61] Vgl. Rechtien, 2007, S. 15.
[62] Vgl. Moreno, 1967, S. 406.
[63] Moreno, 1967, S. 406.
[64] Vgl. Lindner, 1996, S. 20; Fengler, 1981, S. 120.
[65] Historisch betrachtet gilt Ronald Lippit als Schüler von Jacob Moreno. Er leitete ab 1946 gemeinsam mit Kurt Lewin bis zu dessen Tod gruppendynamische Laboratorien. Siehe dazu Amann 2004, S. 47.
[66] Vgl. Benne et al., 1950, S. 3; Amann, 2004, S. 165.
[67] Vgl. Lindner, 1996, S. 19f.; Tippe, 2016, S. 35.
[68] Lindner, 1996, S. 19.
[69] Vgl. Lindner, 1996, S. 20.

im Februar 1954 das erste Gruppendynamik-Seminar in Europa statt. Teilnehmer damals war mit Leland P. Bradford ein weiterer Schüler Lewins.[70] Lindner vertiefte sein Wissen daraufhin im Rahmen einer Studienreise an das NTL im Mai 1954.[71]

Im Winter 1954 fand in Wien schließlich das Seminar „Gespräche über Gruppen, deren Struktur und Dynamik" statt. Referenten dieses Seminars waren unter anderen Lindner und Schindler. Dieses Seminar gilt heute als Entstehungsort der Gruppendynamikbewegung in Österreich.[72]

2.2.4 Schindlers Verständnis der Gruppendynamik

Der österreichische Psychotherapeut, Psychoanalytiker und Psychiater Raoul Schindler wurde in seinem Verständnis der Gruppendynamik insbesondere durch Lindner und Moreno geprägt.[73] Ersteren hatte er, wie bereits dargelegt wurde, auf einem Seminar zur Gruppendynamik kennengelernt. Gemeinsam mit Lindner gründete Schindler im Jahr 1959 den Österreichischen Arbeitskreis für Gruppentherapie und Gruppendynamik (ÖAGG).[74] Angeregt wurde diese Gründung durch Jacob Moreno, den Schindler im Jahr 1954 kennenlernte.[75]

Unter dem Dach der ÖAGG wurden die Ansätze zur Gruppentherapie und Gruppendynamik bewusst integriert. Handelte es sich vorher um konkurrierende wissenschaftliche Entwicklungen, schaffte es der interdisziplinär aufgestellte Verein, gruppentherapeutische und gruppendynamische Erkenntnisse zu bündeln.[76] Amann dagegen sieht im ÖAGG keine Institution zur Weiterentwicklung der Gruppendynamik im allgemeinen Sinn, sondern stark beschränkt auf die Rangdynamik nach Schindler: „Das universalistische Ziel der Weiterentwicklung der Theorie und Praxis der Gruppendynamik, das einem Dachverband aufgegeben ist, wird ersetzt durch das partikulare Ziel der Entwicklung der Lehre des Vorsitzenden."[77] Aus seiner Sicht entwickelte sich gerade deswegen 1973 mit der Österreichische Gesellschaft für Gruppendynamik und Organisationsberatung (ÖGGO) ein zweiter Dachverband zur Verankerung der Gruppendynamik in der Forschung.[78]

Schindler entwickelte 1957 das Modell der Rangdynamik, das in Kapitel 2.3.4.2 ausführlicher beleuchtet wird.

---

[70] Vgl. Lindner 1996, S. 21.
[71] Vgl. Tippe, 2016, S. 35.
[72] Vgl. Amann, 2004, S. 167; Tippe, 2016, S. 32.
[73] Vgl. Tippe, 2016, S. 33.
[74] Vgl. Amann, 2004, S. 168; Tippe, 2016, S. 36.
[75] Vgl. Lamatsch/Tippe, 2016, S. 20.
[76] Vgl. Lamatsch/Tippe, 2016, S. 20f.
[77] Amann, 2004, S. 200.
[78] Vgl. Amann, 2004, S. 200; Wimmer 2013, o.S.

2.3 Modelle zur Beschreibung von Gruppendynamiken

Modelle sind immer eine vereinfachte Darstellung der Wirklichkeit. Im Bereich der Gruppendynamik ist im Laufe der Zeit eine Vielzahl an Modellen entstanden. Dabei werden gruppendynamische Vorgänge je nach Modell immer mit einem bestimmten Fokus betrachtet. Ein allgemeingültiges Modell existiert daher nicht.[79] Unterscheiden lassen sich dabei Gruppenentwicklungs-Modelle, tiefenpsychologische Gruppenmodelle, Modelle des sozialen Lernens und Gruppenstruktur-Modelle.[80] Im Folgenden werden einige der wichtigsten und bekanntesten Modelle der jeweiligen Kategorie vorgestellt und kurz beschrieben.

2.3.1 Gruppenentwicklungs-Modelle

2.3.1.1 Lewins 3-Phasen-Modell

Die Basis für viele heute in der Literatur bekannten Phasenmodelle gründet auf den ersten Überlegungen von Kurt Lewin aus dem Jahr 1947.[81] Er gilt mit seinem CATS-Modell (changing as three steps) in weiten Kreisen der Literatur auch als Begründer des Change-Managements und sein Modell als Grundlage für bedeutende Arbeiten wie beispielsweise Kotters bekanntes 8-Stufen-Modell.[82]

In seiner Ausarbeitung geht Lewin davon aus, dass das Gruppenverhalten aus der Summe der vorhandenen Personen und einer sozialen Situation besteht. Veränderungen der Ziele und Erwartungen erfordern daher eine Beeinflussung des Gleichgewichts der Gruppe. Die Beeinflussung eines Individuums würde für die Gruppe keine wirksame oder nur eine marginale Veränderung darstellen.[83] Das Individuum würde dadurch nur vom Gruppenstandard abweichen und seine Bindung an die Gruppe verlieren.[84]

Laut Lewin bedarf es drei Phasen, um das Verhalten einer Gruppe zu verändern. Diese drei Phasen beschreibt er als unfreezing, moving und freezing[85].[86]

Das unfreezing, also die Phase des Auftauens, ist notwendig, um den individuellen Widerstand und die Gruppenkonformität zu überwinden. Dies kann erreicht werden,

---

[79] Vgl. Werro, 2017, S. 23; Harramach et al., 2018, S. 6.
[80] Vgl. Majce-Egger, 1999, S. 96.
[81] Vgl. Lewin, 1947.
[82] Vgl. Schein, 2010, S. 299; Burnes, 2004, S. 985; Sonenshein, 2010, S. 478; Robbins/Judge, 2013, S. 586.
[83] Vgl. Lewin, 1947, S. 36.
[84] Vgl. Majce-Egger, 1999, S. 96.
[85] In der Literatur wird die letzte Phase aus Lewins Modell häufig fälschlicherweise als re-freezing bezeichnet (u.a. Majce-Egger, 1999; S. 97; Robbins/Judge, 2013, S. 584; Sonenshein, 2010, S. 478). Diese Bezeichnung wurde allerdings erst nach Lewins Tod 1950 in einem Reprint eines seiner Schüler verwendet (vgl. dazu Cummings et al., S. 37).
[86] Vgl. Lewin, 1947, S. 35.

indem positive Verstärkungen zu Verhaltensweisen jenseits des Status quo motivieren oder negative Verstärkungen bei Verhaltensweisen des bestehenden Gleichgewichts vorgenommen werden.[87]

Moving beschreibt die Phase, in der die Gruppe nach dem unfreezing mit der neuen Herausforderung oder Aufgabe umgehen kann. In dieser Phase ist es notwendig, die Gruppe auf ein neues bzw. gewünschtes Gleichgewichtsniveau zu bringen. Zu den Maßnahmen, die eine Entwicklung unterstützen können, gehört, dass der Gruppenleiter oder Trainer der Gruppe den Veränderungsbedarf deutlich und verständlich macht.[88]

In der Phase des freezing soll die erfolgreich eingeführte Veränderung nachhaltig stabilisiert werden. Sollte die Phase des freezing von der Gruppe unzureichend durchlebt werden, so würde von dieser schnell wieder in das alte Verhalten zurückgewichen werden. Eine Maßnahme zur Stabilisierung der neuen Muster ist, diese durch formale und informelle Mechanismen, einschließlich Richtlinien und Verfahren, zu verstärken.[89]

2.3.1.2 Bennis und Shephard: Interaktionelles Phasenmodell

Eines der ersten Modelle zur Beschreibung der Entwicklung und Entstehung von Gruppen entstand 1956 durch Bennis and Shephard. In ihrem Modell gehen die Autoren davon aus, dass sich zwei Hauptphasen mit jeweils drei Teilphasen unterscheiden lassen, die immer dann ablaufen, wenn aus sich fremden Personen eine arbeitsfähige Gruppe entstehen soll.[90]

Die Hauptphasen bezeichnen sie als Dependenz und Interdependenz. Während der Dependenz-Phase steht für die Gruppe die Klärung der Autorität im Vordergrund. In der Interdependenz-Phase orientieren sich die Gruppenmitglieder untereinander und fokussieren sich auf Intimität. Bennis und Shephard sprechen bei der ersten Hauptphase auch über die Orientierung nach Macht, bei der zweiten Haupthase über einen Fokus auf Liebe.[91] Tabelle 2 zeigt zusammenfassend die Teilphasen und das jeweilig antizipierte Geschehen in der Gruppe.

---

[87] Vgl. Kritsonis, 2004, S. 2.
[88] Vgl. Majce-Egger, 1999, S. 97; Kritsonis, 2004, S. 2.
[89] Vgl. Lewin, 1947, S. 38.
[90] Vgl. Berman-Rossi, 1993, S. 243; Majce-Egger, 1999, S. 104.
[91] Vgl. Bennis/Shephard, 1956, S. 416.

Tabelle 2: interaktionelles Phasenmodell nach Bennis und Shephard

Hauptphase	Teilphase[92]	Gruppengeschehen
Dependenz	Abhängigkeit	Wunsch nach Zustimmung an die Gruppenleitung.
	Gegenabhängigkeit	Bekämpfung der Gruppenleitung, falls Enttäuschung aus Teilphase 1 besteht.
	Unabhängigkeit und Interaktion	Erfahrungen wurden aus Teilphasen 1 & 2 gesammelt und werden als Kompetenzen eingesetzt.
Interpendenz	Intimitäts-Freundlichkeit	Idealisierung der Gruppe.
	Intimitäts-Feindlichkeit	Hinterfragen und anzweifeln des Wertes der Gruppe.
	Konsensusbildung	Realistische Einschätzung der Beziehungen.

Quelle: Eigene Darstellung in Anlehnung an Bennis/Shephard, 1956, S. 416ff.

2.3.1.3 Tuckman und Jensens Phasenmodell

Bruce Tuckman entwickelte eines der bekanntesten Modelle zur Beschreibung von gruppendynamischen Entwicklungen in Gruppen, das in der Literatur als Standardwerk gilt.[93] Die 1965 in seinem Modell beschriebenen Phasen werden als Schlüsselkomponenten der Gruppenentwicklung angesehen. Nach dem Modell entwickeln sich Gruppen durch vier aufeinanderfolgende Stufen, wobei die Mitglieder in jeder Phase sowohl damit beschäftigt sind, die Aufgaben der Gruppe zu lösen sowie zwischenmenschliche Beziehungen innerhalb der Gruppe aufzubauen und zu entwickeln.[94] Im Jahr 1977 wurde das Modell durch Tuckman und Jensen um eine fünfte Phase erweitert.[95] Tabelle 3 zeigt die Phasen mit einer kurzen Beschreibung.

---

[92] Die deutschen Übersetzungen der Teilphasen nach Bennis und Shephard wurden von Majce-Egger, 1999, S. 105 übernommen.
[93] Vgl. Bonebright, 2009, S. 111.
[94] Vgl. Miller, 2003, S. 121.
[95] Vgl. Tuckman/Jensen, 1977, S. 426.

Tabelle 3: Erweitertes Phasenmodell nach Tuckman & Jensen

Phase	Beschreibung
Forming[96]	Kontakt und Findungsphase, in der sich die Mitglieder kennenlernen und Grenzen austesten. Beziehungen zu anderen Gruppenmitgliedern und der Gruppenführung werden aufgebaut.
Storming[97]	Konflikte und Polarisierung in Bezug auf zwischenmenschliche Angelegenheiten und die Arbeitsaufgabe, die mit emotionalen Reaktionen einhergehen. Verhaltensweisen dienen als Widerstand gegen den Einfluss der Gruppe und die kompliziert wirkenden Aufgaben der Gruppe.
Norming[98]	Phase der Überwindung des Widerstandes, in der sich ein Gruppengefühl und ein Zusammenhalt der Gruppe entwickeln, neue Normen entstehen und neue Rollen übernommen werden. Zur Aufgabenbewältigung werden persönliche Meinungen und Einschätzungen ausgetauscht.
Performing[99]	Zwischenmenschliche Struktur dient als Werkzeug der Aufgabenbewältigung. Rollen werden flexibel und funktional, und die Energie der Gruppe wird auf die Aufgabe gelenkt. Strukturelle Probleme wurden gelöst, und die Struktur kann nun die Aufgabenerfüllung unterstützen.
Adjouring[100]	Auflösungsphase, in der die Gruppe nach vollbrachter Leistung wieder getrennt bzw. aufgelöst wird.

Quelle: Eigene Darstellung

Tuckman beugt sich mit der Erweiterung des Modells der Kritik einiger Autoren, die in der Gruppenevolution einen Lebenszyklus und keinen linearen Prozess sehen. „Although Tuckman saw performing as the final stage of group evolution, those who agree with a life cycle model view separation as an important issue throughout the life of the group and as a separate and distinct final stage."[101] Eine normative Aussage über die Leistungsfähigkeit einer Gruppe kann indes durch das Modell nicht getroffen werden. Es beschreibt lediglich die zu durchlaufenden Phasen und gibt Anhaltspunkte für ein unterstützendes Eingreifen für das erfolgreiche Erreichen der nächsten Phase.[102] Die Notwendigkeit des Durchlaufens der verschiedenen Entwicklungsphasen für die Teameffektivität ist hingegen empirisch belegt.[103]

---

96 Vgl. Tuckman, 1965, S. 396.
97 Vgl. Tuckman, 1965, S. 396.
98 Vgl. Tuckman, 1965, S. 396.
99 Vgl. Tuckman, 1965, S. 396.
100 Vgl. Tuckman/Jensen, 1977, S. 426.
101 Tuckman/Jensen, 1977. S. 425.
102 Vgl. Bachmann, 2019, S. 399.
103 Vgl. Wheelan, 2009, S. 250.

2.3.2 Tiefenpsychologisches Modell nach Bion

Wilfred Bion beschreibt die Entwicklung von Gruppen anhand seiner drei Grundeinstellungen.[104] Dabei handelt es sich um Muster und wesentliche psychische Prozesse, die jedem Gruppenleben zugrunde liegen und in den Phasen emotional, affektiv und nicht rational ablaufen. Diese drei Grundeinstellungen sind laut Bion: dependency (Abhängigkeit), pairing (Paarbildung) und fight-flight (Kampf und Flucht).[105]

Abhängigkeit ist im Wesentlichen eine Phase, bei der sich die Gruppe nach Unterstützung einer stärkeren Instanz sehnt. Es besteht eine sehr starke Leistungsbezogenheit, die von Verunsicherung geprägt ist. Existiert in diesem Moment bereits ein Führer in der Gruppe, so herrscht eine starke Konzentration und Abhängigkeit von diesem. Sollte noch kein Führer innerhalb der Gruppe bestehen, so wird dieser ausgewählt, um die Grundeinstellung zu befriedigen.[106]

Kampf und Flucht beschreibt Arten, wie die Gruppe untereinander kämpfen bzw. vor den Aufgaben der Gruppe fliehen kann. Sind die emotionalen Bedürfnisse zwischen den Gruppenmitgliedern zu groß, so kommt es zu einem Kampf der Gruppe, der an die Stelle der Aufgabenbewältigung tritt. Der Kampf kann dabei sowohl offen aggressiv als auch subtil und verborgen sein. Gleichermaßen wie der Kampf kann auch die Flucht als Ausweg vor der Erfüllung der Aufgaben durch die Gruppe gewählt werden. Innerhalb der Kampf- und Flucht-Phase bilden sich die Rollen und Hierarchien der Gruppe heraus.[107]

Bei der Paarbildung schließen sich die Gruppenmitglieder zusammen, um Probleme der Gruppe zu lösen und das gemeinsame Ziel zu erreichen. Die Paarbildung kann dabei oft auch unbemerkt erfolgen und dient insbesondere dazu, die persönliche Befriedigung der Gruppenmitglieder zu erhöhen. Die Gruppe wird durch ihre Hoffnung auf eine gute Zukunft bestimmt, wobei diese Hoffnung nie aufgelöst werden darf, da sonst Destruktivität die Gruppe vereinnahmt. Diese Phase kann auch als Arbeitsphase bezeichnet werden.[108]

2.3.3 Modell des sozialen Lernens nach Luft und Ingham

Joseph Luft und Harry Ingham entwickelten 1955 ein grafisches Modell zur Darstellung der intra- und interpersonalen Wahrnehmung, das sogenannte Johari-Fenster.[109]

[104] Vgl. Bion, 1961, S. 141ff.
[105] Vgl. Hare, 1973, S. 115f.
[106] Vgl. Maierhof, 2018, S. 601; Luft, 1977, S. 30.
[107] Vgl. Maierhof, 2018, S. 601; Luft, 1977, S. 30.
[108] Vgl. Eckert, 2007, S. 661.
[109] Für eine tiefergehende Beschreibung des Modells wird an dieser Stelle auf Luft, 1977, S. 22–28 verwiesen.

Das Modell beschreibt Veränderungen der Selbst- und Fremdwahrnehmung im Verlauf der Gruppenentwicklung in vier Quadranten, kann aber auch zur Darstellung von Beziehungen zwischen Gruppen angewandt werden.[110] Der Name Johari hat keine tiefergehende Bedeutung und entstand aus einer Kombination der Namen der beiden Autoren.[111]

Tabelle 4: Darstellung des Johari-Fensters

	Dem Selbst bekannt	Dem Selbst nicht bekannt
Anderen bekannt	I Bereich der freien Aktivität	II Bereich des blinden Flecks
Anderen nicht bekannt	III Bereich des Vermeidens oder Verbergens	IV Bereich der unbekannten Aktivität

Quelle: Eigene Darstellung in Anlehnung an Luft, 1977, S. 22

- Quadrant I „Bereich der freien Aktivitäten“ umfasst Verhaltensweisen und Motivationen, die einem selbst und anderen bekannt und ersichtlich sind.
- Quadrant II „Bereich des blinden Flecks“ beschreibt das Verhalten, das zwar anderen, jedoch der Person selbst nicht bekannt ist.
- Quadrant II „Bereich des Vermeidens oder Verbergens“ zeigt den Bereich, der einer Person selbst bekannt ist, anderen jedoch nicht offenbart wird.
- Quadrant IV „Bereich der unbekannten Aktivität“ umfasst Motive und Verhaltensweisen, die weder der Person selbst noch anderen bekannt sind.[112]

Die vier Quadranten sind dabei unterschiedlich groß und verändern ihre Größe im Laufe der Gruppenentwicklung. Zu Beginn ist Quadrant I sehr klein, es existiert wenig freie Interaktion. Wächst die Gruppe zusammen, so wächst auch Quadrant I, wodurch gleichzeitig Quadrant III an Größe abnimmt. Gruppenmitglieder können sich in einer Atmosphäre des Vertrauens freier benehmen und sehen weniger Grund, sich zu verstellen oder Wissen bzw. Dinge zu verbergen. Quadrant II verliert langsamer an Größe, da es laut Luft und Ingham gute psychische Gründe dafür gebe, gegenüber den eigenen Gefühlen und dem eigenen Verhalten blind zu sein.[113] Quadrant IV schrumpft

[110] Vgl. Majce-Egger, 1999, S. 98.
[111] Vgl. Saxena, 2015, S. 5.
[112] Vgl. Luft, 1961, S. 6.
[113] Vgl. Luft, 1977, S. 23.

mit dem Wachstum der jeweils anderen Quadranten sehr langsam. Die Bedeutung des Quadranten ist allerdings wesentlich größer und einflussreicher, als es die Skizze des Modells vermuten lässt.[114]

Anhand des Modells kann das Ziel eines Gruppenleiters visualisiert werden. Es gilt den Bereich der freien Aktivität, also Quadrant I, zu vergrößern, damit eine größere Offenheit für Informationen, neue Gedanken und Meinungen innerhalb der Gruppe entsteht und gleichzeitig eine Abnahme der Angst und Bedrohung erfolgt.[115]

2.3.4 Gruppenstruktur-Modelle

2.3.4.1 Belbins Teamrollen

Der britische Wissenschaftler Meredith Belbin untersuchte den Zusammenhang zwischen der Zusammensetzung und der Performance bei Teams. Er entwickelte 1981 sein erstes Modell, in dem er acht verschiedene Teamrollen unterscheidet. Dieses Modell wurde 1993 um eine neunte Rolle erweitert und stellt das in der Literatur bekannteste Gruppenstruktur-Modell dar.[116] Eine Rolle basiert auf Persönlichkeitseigenschaften und damit verbundenen Stärken und Schwächen der einzelnen Akteure. Die Zuordnung einer Person zu einer Rolle erfolgt anhand der Beantwortung eines Fragebogens mit anschließender Fremdeinschätzung durch Beobachter.[117]

Die Zusammensetzung mit verschiedenen Rollen ist nach Belbin ein Schlüsselfaktor, der die Leistung eines Teams maßgeblich beeinflusst. Je heterogener eine Gruppe aufgestellt ist und je mehr Rollen besetzt sind, desto leistungsfähiger kann ein Team agieren. Es müssen allerdings nie alle Rollen in einem Team besetzt sein. Gleichzeitig ist ein Teammitglied nicht auf eine einzige Rolle beschränkt und kann mehrere Rollen gleichzeitig einnehmen.[118]

Tabelle 5 zeigt die neun Teamrollen nach Belbin. Dabei wurde bewusst die englische Bezeichnung der Rollen aus dem Original beibehalten. Belbin selbst betont die Problematik von verzerrten Bedeutungen, Implikationen oder Vorurteilen durch Übersetzungen in andere Sprachen und aus seiner Sicht teils falschen Übersetzungen. Aus diesem Grund befürwortet er auch die Einbehaltung der originalen Namen in anderssprachlichen Arbeiten.[119]

---

[114] Vgl. Luft, 1961, S. 7.
[115] Vgl. Luft, 1977, S. 25.
[116] Vgl. Fisher et al., 1998, S. 283; van de Water et al., 2008, S. 499.
[117] Vgl. Belbin, 2010, S. 25.
[118] Vgl. Belbin, 1981, S. 115.
[119] Vgl. Belbin, 2010, S. 23.

Tabelle 5: Teamrollen nach Belbin

Rolle[120]	Beschreibung und Gruppenbeitrag	Erlaubte Schwäche
Plant	Kreativer Kopf, der schwierige Probleme lösen kann	Ignoriert Details, keine effektive Kommunikation
Resource investigator	Extrovertiert und enthusiastisch, eröffnet neue Möglichkeiten und Kontakte	Überoptimistisch, verliert schnell das Interesse
Coordinator	Entscheidungsorientiert und zuversichtlich, gut im Delegieren	Kann als manipulativ wahrgenommen werden, delegiert seine eigenen Aufgaben
Shaper	Dynamisch und herausfordernd, blüht bei Druck auf, kann Hindernisse überwinden	Kann auf andere provozierend wirken, achtet nicht auf Befindlichkeiten
Monitor Evaluator	Nüchtern und strategisch, sieht alle Optionen und bewertet präzise	Fehlt es an Initiative, agiert überkritisch
Teamworker	Kooperativ und diplomatisch, hört zu und beruhigt die Gemüter	Kann leicht beeinflusst werden, nicht entscheidungsfreudig in wichtigen Situationen
Implementer	Diszipliniert und zuverlässig, verwandelt Ideen in Taten	Unflexibel, langsame Reaktion auf neue Möglichkeiten
Completer Finisher	Aktibisch und gewissenhaft, erkennt Fehler und liefert pünktlich ab	Macht sich zu viele Sorgen, kann ein Nörgler sein
Specialist	Engagiert und zielstrebig, sorgt für Fachwissen und Nischen-Skills	Lebt in technischen Details, übersieht das große Ganze

Quelle: Eigene Darstellung in Anlehnung an Belbin, 2010, S. 22

2.3.4.2 Das rangdynamische Modell nach Schindler

Schindlers Modell zur sozialen Dynamik in Gruppen, auch Modell der Rangdynamik genannt, basiert auf seinen Beobachtungen und Erfahrungen im Rahmen der klinischen Gruppentherapie.[121] Das Modell entstand 1957, also noch vor dem Modell der Teamrollen von Belbin. Von Vorteil war dabei die Arbeit mit Gruppen schizophrener Patienten, da die Psychodynamik in diesen Gruppen stark verlangsamt abläuft. Dies führt dazu, dass gruppendynamische Vorgänge und Strukturen innerhalb dieser

[120] Auf die Unterscheidung der Rollen in handlungsorientiert, kommunikationsorientiert und wissensorientiert wird an dieser Stelle verzichtet, da diese für die Kernaussage des Modells nur bedingt eine Rolle spielen. In aktuelleren Arbeiten von Belbin werden diese Unterscheidungen ebenfalls nicht getroffen (vgl. Belbin, 2010, S. 22f.). Andere Autoren schlagen zudem Gruppierungen in andere Dimensionen vor (vgl. van de Water et al., 2008, S. 501).

[121] Vgl. Schindler, 1957, S. 308.

Gruppen besser erkennbar sind.[122] Das Rangdynamikmodell spiegelt Schindlers Verständnis der Gruppendynamik wider. Von Moreno geprägt, enthält es auch Elemente der Soziometrie und legt primär den Fokus auf die Bedeutung der Rollen innerhalb von Gruppen.[123] Soziometrie allein kann jedoch nicht zur Verifizierung der rangdynamischen Positionen herangezogen werden, da laut Schindler Einblicke in die tiefenpsychologischen Vorgänge der Gruppenmitglieder von Nöten sind.[124]

Das Modell geht davon aus, dass bei jeder Gruppe ein Gegenüber oder Gegner (G) außerhalb der Gruppe existiert. Dabei muss G nicht durch eine außenstehende feindliche Person oder Gruppe personifiziert sein, sondern kann ebenso das gemeinsame Ziel der Gruppe repräsentieren.[125] Die Gruppe definiert sich in seiner Auseinandersetzung mit G[126] und bildet vier verschiedene Positionen aus, die anhand soziometrischer Untersuchungen deutlich werden.[127] Der Begriff der Positionen ist in diesem Zusammenhang wichtig, da er widerspiegelt, dass es sich um vorübergehende Besetzungen durch Gruppenmitglieder handelt. Im Laufe einer Gruppensituation kann eine Position jederzeit verlassen und neubesetzt werden.[128] Laut Schindler tendiert zwar jeder Mensch zu einer der Gruppen, jedoch spielt die Gruppenzusammensetzung eine immens große Rolle. So kann eine Person, die zum Alpha tendiert und in einer Gruppe auch als solcher agiert, in einer anderen Gruppenzusammensetzung genauso gut die Omega-Position besetzen.[129] Sobald ein Mensch Teil einer Gruppe wird, muss er gemäß Schindler eine der vier von ihm definierten Positionen einnehmen, die im Folgenden kurz beschrieben werden.[130]

2.3.4.3 Rangpositionen nach Schindler

Die vier Positionen werden als Alpha, Beta, Gamma und Omega definiert und sind in Abbildung 2 in ihrem Verhältnis zueinander dargestellt. Die Alpha-Position[131] verkörpert für die Gruppe die Auseinandersetzung mit G. Alpha verfügt über Unabhängigkeit, da dessen Ziele den Zielen der Gruppe entsprechen. Aus diesem Grund kann Alpha als Anführer der Gruppe gesehen werden.[132] Alpha wird unbewusst durch die anderen Mitglieder der Gruppe gewählt. Es spielt dabei keine Rolle, ob die ausgewählte Person objektiv die geeignetste Besetzung zur Bewältigung des G ist. Aus

---

[122] Vgl. Schindler, 1968, S. 42.
[123] Vgl. Tippe, 2016, S. 43; Hennerfeind et al., 2020, S. 237.
[124] Vgl. Schindler, 1969, S. 23; Schindler, 1957, S. 309.
[125] Vgl. Schindler im Interview mit Mag. Waltraud Röck-Svoboda, Manuskript, S. 20.
[126] Siehe hierzu auch die Definition von Gruppen nach Schindler in Kapitel 2.1.1.
[127] Vgl. Schindler, 1957, S. 309.
[128] Vgl. Bachmann, 2017, S. 238; Amann, 2019, S. 271.
[129] Vgl. Röck-Svoboda, 1993, S. 18.
[130] Vgl. Schindler, 1957, S. 309.
[131] Schindler unterscheidet später zwischen drei verschiedenen Ausprägungen der Alpha-Position. Auf eine Ausführung dieser Unterscheidung wird an dieser Stelle verzichtet und auf Röck-Svoboda 1993 (Skript überarbeitet durch Raoul Schindler) verwiesen.
[132] Vgl. Schindler, 1957, S. 310.

Sicht der Gruppe erscheint diese Person als besonders geeignet.[133] Die Gruppe erfährt das G aus den Augen des Alpha, wodurch Alpha schicksalsanteilig mit der Gruppe verbunden ist. Entstehen Zweifel über Alpha als Führer, so gefährdet das die Sicherheit der gesamten Gruppe.[134] Zwar präzisiert Schindler 1964 sein Modell nochmals und führt dabei aus, dass es Situationen geben kann, in denen Führung und Alpha-Positionen nicht zusammenfallen[135], jedoch findet diese Ausführung in der aktuellen Fachliteratur kaum Erwähnung.[136]

Abbildung 2: Schindlers Modell der Rangdynamik

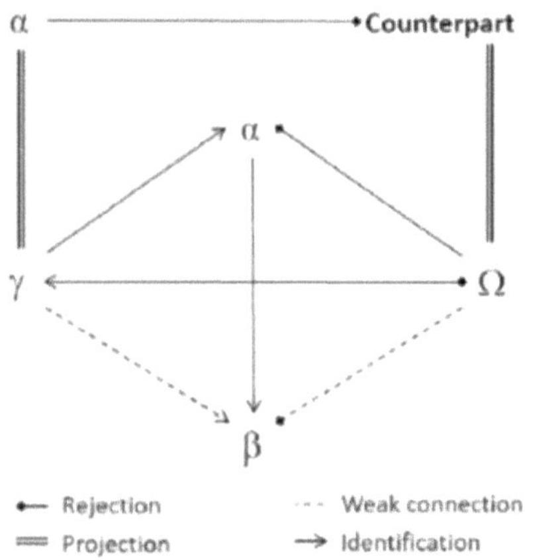

Quelle: Bachmann, 2022, S. 2

Die Beta-Position[137] stellt den Fachmann innerhalb der Gruppe dar. Er verfügt über relevante Sachkenntnisse, mit denen er die Gruppe beraten kann, ohne selbst einen Führungsanspruch geltend zu machen. Anders als Alpha wird Beta anhand seines Schaffens und nicht seiner selbst legitimiert. Daher besitzt Beta eine noch größere Unabhängigkeit als Alpha und ist in seiner Autorität, bezogen auf sein Fachgebiet, unumstritten. Die Bindung an die Gruppe ist indirekt und erfolgt über Alpha, wodurch er von diesem anerkannt sein muss.[138] Einerseits ist Beta an das Schicksal des Alphas gebunden und kann im Falle des Sturzes von Alpha leicht als Sündenbock für den

[133] Vgl. Schneidhofer, 2015, S. 21.
[134] Vgl. Schindler, 1957, S. 310.
[135] Vgl. Schindler im Interview mit Röck-Svoboda, Abschrift S. 23; Tippe, 2016, S. 104; Spaller, 2018, S. 406.
[136] Vgl. u.a. Amann, 2019; König/Schattenhofer, 2018; Ullmann/Jörg, 2019.
[137] Schindler unterscheidet später, wie bei der Alpha-Position, zwischen drei verschiedenen Ausprägungen der Beta-Position. Auf eine Ausführung dieser Unterscheidung wird an dieser Stelle verzichtet und auf Schindler 1969 verwiesen.
[138] Vgl. Schindler, 1957, S. 310f.

Misserfolg dargestellt werden. Andererseits befindet sich Beta in einer für Alpha gefährlichen Position. Aufgrund der Selbstständigkeit befindet sich Beta in einer gute Ausgangssituation, um Gegengruppierungen zu starten und so selbst die Position des Alphas zu übernehmen.[139]

Die Gamma-Position beschreibt das Kollektiv der Gruppe. Ein Abtauchen in diese Position ermöglicht es Mitgliedern, die eigene Persönlichkeit zu verdecken, wodurch eine anonyme Mitgliedschaft innerhalb der Gruppe erreicht wird. Ein Gamma ist in seiner Position ohne jegliche Verantwortung und identifiziert sich in der Gruppe über Alpha.[140] Solange der Erfolg der Gruppe absehbar oder erwartbar ist, folgen die Mitglieder der Gamma-Position der Alpha-Position und unterstützen diesen.[141] Gleichzeitig wendet sich Gamma gegen die Omega-Position in dem Maße, wie das Kollektiv sich ein Auftreten des Alpha gegenüber G vorstellt.[142]

Als vierte Position definiert Schindler ebendiese Omega-Position. Omega repräsentiert G innerhalb der Gruppe und identifiziert sich daher auch mit dem G der Gruppe. Aus diesem Grund verfügt diese Position über keinerlei Macht innerhalb der Gruppe. Die Gruppe wird in ihrem Zustand durch Omega in Frage gestellt. Dessen Affekte wenden sich gegen Alpha.[143]

2.4 Anspruch auf neue Ausarbeitung Schindlers Modell

Schindlers rangdynamisches Modell ist ein in der Literatur häufig zitiertes Werk zur Gruppendynamik. Dabei basieren dessen Überlegungen, wie bereits dargestellt wurde, auf der Beobachtung von vor allem schizophrenen Patienten im Rahmen einer klinischen Gruppentherapie.[144] Das Modell wurde vor inzwischen 65 Jahren entwickelt, wobei bislang keine empirische Validierung stattgefunden hat.[145]

Eine Gültigkeit des Modells, insbesondere in Hinblick auf moderne Entwicklungen der Arbeitskultur, ist somit nicht belegt. Die Zusammenhänge von digitaler Arbeitskultur und New Work mit rangdynamischen Prozessen in Gruppen gilt es zu untersuchen. Dafür ist es notwendig, das Konzept des New Work zu beschreiben, was im Folgenden geschieht.

[139] Vgl. Schindler, 1957, S. 311.
[140] Vgl. Schindler, 1957, S. 311.
[141] Vgl. König/Schattenhofer, 2018, S. 51.
[142] Vgl. Schindler, 1969, S. 21.
[143] Vgl. König/Schattenhofer, 2018, S. 52.
[144] Vgl. Schindler, 1957, S. 308.
[145] Vgl. Bachmann, 2022, S. 1.

2.4.1 New Work

In der Diskussion um neue oder moderne Formen der Arbeitskultur findet der Begriff des New Work häufig Verwendung. Worum es sich dabei jedoch genau handelt und inwieweit tatsächlich Veränderungen zum Status quo in der Praxis einhergehen, bleibt nicht selten unklar.[146]

Eine einheitliche Definition für New Work existiert in der wissenschaftlichen Literatur nicht.[147] Der Begriff New Work geht auf den österreichisch-US-amerikanischen Sozialphilosophen Frithjof Bergmann zurück. Bergmann reagierte mit dem Konzept des New Work auf die von ihm erlebten Massenentlassungen der Automobilbranche in den 1970er Jahren in den USA. Es geht bei Bergmanns Modell eigentlich um eine Neustrukturierung der klassischen Erwerbstätigkeit in drei unterschiedliche Teilzeitbeschäftigungen. Nur noch ein Drittel der Tätigkeit soll dabei die klassische Erwerbsarbeit darstellen. Die Selbstversorgung, genauer gesagt die Hightech-Selbstversorgung ohne eine Rückkehr zur körperlich anstrengenden Landwirtschaft, soll die zweite Säule der Tätigkeit bilden. Als dritte Säule wird eine selbstverwirklichende Tätigkeit gesehen, also eine Arbeit, der ein Individuum auch wirklich nachgehen möchte.[148] Tatsächlich gibt es gravierende Unterschiede zwischen der ursprünglichen Bedeutung bzw. der Idee des New Work-Ansatzes und der Verwendung des Begriffes heute. So wird der Begriff New Work heute eher für grundlegende Veränderungen der Arbeitswelt verwendet, die unter dem Einfluss von Digitalisierung, Globalisierung und des demografischen Wandels stehen.[149] Unter diesem Sammelbegriff werden verschiedenste Ansätze wie Agiles Management, Scrum[150], Holacracy[151] oder Radical Collaboration[152] verortet.[153] Die Gemeinsamkeit dieser Ansätze besteht auf der Basis der sich selbst organisierenden Strukturen.[154]

2.4.2 Hierarchie in sich selbst organisierenden Strukturen

Anstelle einer rein theoretischen Betrachtung der Hierarchie bei sich selbst steuernden Teams wird dies anhand des Beispiels eines holländischen Pflegedienstes dargelegt. Zum einen ist damit ein stärkerer Praxisbezug gegeben. Zum anderen handelt es sich

[146] Vgl. Schneider, 2020, S. 470.
[147] Vgl. Hackl et al., 2017, S. 1.
[148] Vgl. Bergmann, 1990, S. 80.
[149] Vgl. Georgi, 2021, S. 437; Hackl et al., 2017, S. 3.
[150] Vgl. Werro, 2017, S.27–36.
[151] Für detaillierte Informationen über das Management System Holacracy wird an dieser Stelle auf Robertson, 2016 und Hofert, 2018 verwiesen.
[152] Für detaillierte Informationen über die Methodik der Radical Collaboration wird an dieser Stelle auf Tamm et al., 2005 verwiesen.
[153] New Work soll dabei allerdings nicht als reiner Change-Management-Ansatz gesehen werden. Gerade aktuelle Themen wie ein bedingungsloses Grundeinkommen oder die Diskurse über atmende Lebensläufe können dem New Work Konzept zugeordnet werden (vgl. dazu Berend et al., 2020, S. 31–41).
[154] Vgl. Schneider, 2020, S. 472.

bei dem beschriebenen Praxisbezug um ein in der Literatur häufig herangezogenes Fallbeispiel[155] für die erfolgreiche Umsetzung einer sich selbst organisierenden Unternehmensstruktur. Es soll hiermit nochmals verdeutlicht werden, dass seit der Entwicklung bestehender gruppendynamische Modelle die Arbeit von und mit Gruppen in modernen Arbeitsorganisationsmodellen eine grundlegende Veränderung erfahren hat und eine Neuausarbeitung bzw. Überprüfung der Modelle erfolgen sollte.

2.4.2.1 Das Buurtzorg Modell

Buurtzorg[156] (niederländisch für Nachbarschaftspflege) ist ein niederländischer non-profit Pflegedienst, der 2006 gegründet wurde. Inzwischen findet Pflege nach dem Modell von Buurtzorg bereits in 24 Ländern mit über 1.000 Teams und etwa 15.000 Pflegekräften Anwendung, wobei innerhalb der Niederlande der gesamte Pflegemarkt nach diesem Modell agiert.[157]

Das Modell entstand aus der Entwicklung, die sich in den 1990er Jahren am Pflegemarkt in den Niederlanden abgespielt hat. Ursprünglich war das Land für seine hohe Qualität an kommunalen Pflegediensten bekannt, bei denen erfahrene Krankenschwestern, Sozialarbeiter und Allgemeinmediziner die häusliche Versorgung übernahmen. Organisiert waren diese in kleine Teams, die jeweils nur für einen lokalen Bereich tätig waren.[158] Die Zahl dieser Organisationen reduzierte sich von 1990 bis 1995 jedoch von 295 auf nur noch 86, da immer mehr Organisationen fusionierten. Zur effizienten Zuordnung von Pflegern zu Patienten wurden Managementstrukturen aufgebaut und ein Callcenter kümmerte sich fortan um Anfragen der Patienten. Aus Behandlungsmethoden wurden Produkte mit definierter Behandlungsdauer und spezifisch festgelegten Erfahrungsstufen, über die ein durchführender Pfleger verfügen musste. Barcodes an Türen der Patienten dienten der Dokumentation der zeitlichen Dauer des Pflegevorgangs und der Dokumentation der gelieferten medizinischen Produkte. Kurz gesagt wurde das gesamte System auf Effizienz und Skalierung ausgelegt.[159] Ausgehend vom damaligen Status quo war die Idee von Buurtzorg simpel und praktikabel:[160]

- Entfernung aller Managementstrukturen, die für die Pflege von Patienten unnötig sind
- Eliminierung bürokratischer Aufgaben für Pflegekräfte
- Schließung repräsentativer Bürostandorte zur Konzentration auf Service
- Verschiebung der Autorität und Verantwortung direkt in Pflegeteams

[155] Für weitere Beispiele, auch aus dem non-profit Bereich vgl. Laloux, 2015.
[156] Der Name wird wie folgt ausgesprochen: „bürtsorch".
[157] Vgl. Buurtzorg Deutschland Nachbarschaftspflege gGmbH, 2022, o.S.
[158] Vgl. Nandram, 2014, S. 174.
[159] Vgl. Laloux, 2015, S. 63.
[160] Vgl. Kreitzer et al., 2015, S. 40.

2.4.2.2 *Teamstruktur und Führung*

Buurtzorg Teams bestehen aus zehn bis zwölf Mitgliedern, die bis zu 50 Patienten in einem bestimmten Gebiet betreuen. Die Verantwortung, die das Team umfasst, betrifft alle Aspekte rund um die Pflege. Dazu gehört unter anderem die Organisation des Teams, die Urlaubsplanung, die Schichtplanung, die Anmietung von Büroräumlichkeiten, die Zusammenarbeit mit lokalen Ärzten und Krankenhäusern, die Überwachung der eigenen Leistungsfähigkeit, das Ergreifen korrektiver Maßnahmen, falls die Leistung des Teams sinken sollte und viele weitere Aufgaben und Tätigkeiten. Entscheidungen werden immer im Kollektiv getroffen. Eine formelle Führungsperson existiert im Team nicht, sodass die Stimme jedes Mitglieds gleich gewichtet ist.[161]

Unterstützt werden die Teams von einem globalen Backoffice, bestehend aus etwa 45 Mitarbeitern, das sich jedoch nicht um den Kontakt zu Patienten, sondern lediglich um Themen wie Abrechnungen und Rechnungsstellungen kümmert.[162] Zusätzlich stehen den Teams regionale Coaches zur Verfügung, die bei Konflikten oder Problemen beratend unterstützen können. Über eine hierarchische Macht oder Entscheidungsbefugnis verfügen die Coaches jedoch nicht. Sie treten nur auf Anfrage des jeweiligen Teams in Erscheinung. Aus diesem Grund unterstützt ein Coach bis zu 50 verschiedene Teams. Dadurch ist gewährleistet, dass ein nötiger Abstand zwischen Team und Coach aufrechterhalten und somit die Autonomie des Teams geschützt wird.[163]

Von großem Interesse wäre die Untersuchung eines solchen Teams hinsichtlich der gruppendynamischen Prozesse und der Ausprägung informeller Strukturen. Insbesondere vor dem Hintergrund, dass Gruppen ohne formelle Führung stärkere informelle Hierarchien entwickeln als Gruppen mit formeller Führung.[164]

2.5 Aktueller Stand der Forschung

2.5.1 Überarbeitetes Rollenmodell nach Bachmann

Auf der Grundlage des nicht empirisch belegten rangdynamischen Modells nach Schindler untersucht Bachmann in seiner Arbeit das Vorkommen der nach Schindler definierten Positionen anhand eines soziometrischen Ansatzes.[165] Für den Studienaufbau wurden Gruppen mit vier bis neun Teilnehmern gebildet, die von einem Gruppentrainer begleitet wurden. Nach einer Phase des Kennenlernens sollten die Gruppen

---

[161] Vgl. Laloux, 2015, S. 65.
[162] Vgl. Buurtzorg, 2022, o.S.
[163] Vgl. Laloux, 2015, S. 69f.
[164] Vgl. Oedzdes et al., 2017, S. 311–323.
[165] Vgl. Bachmann, 2022, S. 5.

eine Abwandlung des NASA-Weltraumspiels[166] durchführen. Die Ergebnisse des Planspiels gelten am Ende der Studie als Indikator für die Leistungsfähigkeit der verschiedenen Gruppen.[167]

Nach weiteren Gruppensitzungen zur Reflektion der im Planspiel stattgefundenen Dynamiken und Prozesse wurde eine soziometrische Analyse durch den jeweiligen Trainer angestoßen und von der Gruppe durchgeführt.[168] Zusätzlich erfolgte eine Fremd- und Selbsteinschätzung der einzelnen Teilnehmer anhand eines Fragebogens. Dieser basierte auf einer früheren Arbeit Bachmanns und zielte auf Formen der Kontaktaufnahmen ab.[169]

Bachmann kommt in seiner Studie zu zwei zentralen Annahmen: Zum einen resümiert er, dass die Gruppen im Planspiel besser abschneiden, die noch keine informelle Struktur ausgebildet haben. Diese Schlussfolgerung entsteht aus der Beobachtung von Gruppen, die über keine besetzte Alpha-Position verfügen und somit gemäß Tuckman die performing-Phase noch nicht erreichen konnten. Insgesamt schnitten diese Gruppen im Planspiel besser ab als Gruppen mit ausgeprägter Alpha-Position.[170] Zum anderen können die erzielten Ergebnisse laut Bachmann als Beweis für die nach Schindler definierten Positionen angesehen werden.[171] Abweichend zu Schindler definiert Bachmann noch eine zusätzliche Rolle, die er passives Omega nennt. Die Abgrenzung zur Omega-Definition aus Schindlers Modell erfolgt über eine Zurückhaltung des passiven Omegas. So fasst Bachmann die passive Omega-Position wie folgt zusammen: „The main quality of this position is a lack of affiliation, which is expressed through group members' irritation."[172]

2.5.2 Überarbeitetes Rollenmodell nach Vatter

Basierend auf der Überlegung, dass im Zuge von New Work neue Rahmenbedingungen innerhalb der Teamarbeit und damit möglicherweise auch der Gruppendynamik herrschen, definiert Vatter ein überarbeitetes Rollenmodell. Dieses Modell steht in Anlehnung an das rangdynamische Modell von Raoul Schindler, das in Kapitel 2.3.4.2 beschrieben ist.

[166] Dabei handelt es sich um ein weitverbreitetes Instrument zur Betrachtung gruppendynamischer Vorgänge in Gruppen. In Bachmanns Untersuchung handelt es sich anstatt eines Raumschiffs um ein abgestürztes Flugzeug in der Wüste. Für weitere Informationen zum Planspiel vgl. Antons et al., 2019, S. 214f.
[167] Vgl. Bachmann, 2022, S. 6f.
[168] Vgl. Bachmann, 2022, S. 7.
[169] Vgl. Bachmann, 2022, S. 7.
[170] Vgl. Bachmann, 2022, S. 9.
[171] Vgl. Bachmann, 2022, S. 10.
[172] Bachmann, 2022, S. 11.

Dabei wird das Modell weniger anhand klassischer gruppendynamischer Ansätze als vielmehr durch evolutionstheoretische und verhaltenspsychologische Muster begründet.[173] Vatter sieht eine Lücke in der Betrachtung rangdynamischer Aktivitäten in Gruppen. Eine Betrachtung der sozialen Stellung in Hinblick auf ihre evolutionäre Bedeutung findet bei existierenden Modellen tatsächlich nicht statt. Nach dem evolutionstheoretischen Verständnis hat die soziale Stellung immer auch eine Auswirkung auf die Verteilung von Ressourcen. Ressourcen entsprachen in früheren Entwicklungsphasen Nahrung, im heutigen, modernen Arbeitsumfeld entsprechen sie beispielsweise Gehältern oder anderen Befugnissen.[174] Die Ausarbeitung der Rollen basiert auf Beobachtungen von vor allem kompetitiv agierenden und vorwiegend männlichen geprägten Gruppen.[175]

Dem Modell zugrunde liegen elf Annahmen, die im Folgenden kurz zusammengefasst werden:[176]

1. Abhängigkeit der Individuen von der Gruppe, kein freiwilliges Verlassen der Gruppe
2. Rang hat hohe Auswirkung für den Zugriff auf Ressourcen
3. Es entstehen Konflikte aufgrund von Punkt Zwei
4. Jedes Individuum hat die Tendenz zu einer Rolle, tatsächliche Rolle ist aber abhängig von der Gruppe bzw. ihrer Konstellation
5. Jedes Individuum setzt spezifische Fähigkeiten ein, um seine Stellung zu verbessern
6. Rollen sind mit Privilegien und Erwartungen verbunden
7. Es entsteht ein Nash-Gleichgewicht, das bei Änderungen der Gruppenzusammensetzung instabil werden kann
8. Gleichgewicht kann nach Punkt Sieben auch ohne Konflikt wieder entstehen
9. Die höchste Position in der Gruppe definiert moralische Normen und erlaubtes Verhalten im Kampf um Positionen
10. Kooperatives oder kompetitives Setting ergibt sich aus der Besetzung der höchsten Position
11. Abhängig vom Gruppensetting (kompetitiv / kooperativ) können Individuen ihre Fähigkeiten unterschiedlich einsetzen

[173] Vgl. Vatter, 2022, S. 6.
[174] Vgl. Vatter, 2022, S. 7.
[175] Vgl. Vatter, 2022, S. 8.
[176] Vgl. Vatter, 2022, S. 9

Das rangdynamische Modell von Vatter existiert in der Variante des Basis-Modells mit fünf streng hierarchischen Rollen sowie als erweitertes Rollenmodell mit insgesamt neun Rollen, wobei sich die vier zusätzlichen Rollen hauptsächlich in der Strategie um Einflussnahme unterscheiden.[177] Abbildung 3 zeigt die fünf Rollen des Basis-Modells mit den drei zu unterscheidenden Dimensionen pro Rolle.

Abbildung 3: Rangdynamisches Basis-Modell nach Vatter

	Strategie / zentrales Motiv	Individuelle Fähigkeit	Beitrag zur Gruppe
Alpha	Führung, Durchsetzung	Entschlossenheit, Durchsetzungsfähigkeit, Kampfbereitschaft	Führung, Übernahme von Verantwortung, insb. bei konfliktreichen Entscheidungen
Beta	Delegation seiner Interessen durch Beeinflussung des Alpha	Empathie, soziales Geschick, Humor	Fördert sozialen Zusammenhalt, reguliert negative Emotion (insb. des Alpha)
Delta	Zugehörigkeit durch Arbeitsleistung	Anpassungsfähigkeit, Fleiß, Loyalität, Gewissenhaftigkeit	Arbeitsleistung, Pflichterfüllung
Gamma	Rebellion, Führung durch Umverteilung	Innovations- und Risikobereitschaft	Erneuerung und Innovationsbereitschaft
Omega	Überleben	Ggf. Leidensfähigkeit	Ggf. Gradmesser der Kooperationsbereitschaft der Gruppe

Quelle: Vatter, 2022, S. 22

2.6 Zwischenfazit

Wie gezeigt wurde, hat die Erforschung der Gruppendynamik eine lange Geschichte, in der unterschiedlichste Modelle und Theorien zur Erklärung und Visualisierung des Phänomens entwickelt wurden.

Sicherlich gilt ein großer Verdienst Kurt Lewin, dessen Arbeit die Grundlage für viele noch heute gültige und häufig zitierte Modelle darstellt. Der psychosoziale Diskurs rund um die Thematik hatte seinen Höhepunkt bis in die 1980er Jahre. Von Lewin über Bennis & Shephard, Tuckman & Jensen, Bion, Luft & Ingham, Belbin bis Schindler wurden alle vorgestellten Modelle in der Zeit bis 1981 entwickelt bzw. publiziert. Seither ist es ruhiger um die Gruppendynamik geworden. Rechtien sieht eine

[177] Vgl. Vatter, 2022, S. 14.

mögliche Begründung für das zurückgegangene Interesse an der Gruppendynamik darin, dass inzwischen weniger die Forschung, sondern vielmehr die Aus- und Weiterbildung in Organisationen und Institutionen im Vordergrund steht.[178] König führt das gesunkene Interesse auf Veränderungen am Markt zurück. So wird laut König die Gruppe weniger als Setting und Methode gesehen, da immer mehr der Fokus auf das Handeln des Leiters in den Mittelpunkt gestellt wird.[179]

Veränderungen der Arbeitskultur und Modelle der selbstorganisierten Führung bringen spannende Fragen bezüglich der Gültigkeit und Anwendbarkeit von rangdynamischen Modellen mit sich.

In der gegenwärtigen Literatur findet man einige deutschsprachige Autoren, die sich der Thematik der Gruppendynamik wieder nähern und bestehende Modelle aufgrund aktueller Entwicklungen überarbeiten oder versuchen, diese empirisch zu belegen.

Stahl verwendet in seiner Arbeit zur Dynamik in Gruppen das Gruppenentwicklungs-Modell nach Tuckman und erweitert dieses um eine zusätzliche Phase.[180] Bachmann nimmt sich der empirischen Verifizierung von Schindlers Modell an und erweitert als Ergebnis dessen Modell um eine weitere Position.[181] Vatter bildet in Anlehnung an das rangdynamische Modell Schindlers eine neue Ausarbeitung mit aktualisierten und erweiterten Rollen. Diese sollen den aktuellen Entwicklungen im Zuge der Bewegung um New Work und digitale Arbeitskulturen gerecht werden.[182] Eine Wiederbelebung des Forschungsinteresses rund um das Phänomen der Gruppendynamik scheint damit zumindest nicht ausgeschlossen.

Um einen Grundstein für weitere Arbeiten zu legen, wurde der Weg der Gruppendynamik bereits einschlägig beschrieben. Im Folgenden soll nun eine Methodik ausgearbeitet und ausgetestet werden, mit deren Hilfe eine potenzielle Überprüfung von Personen auf gruppendynamische Positionen bzw. deren Tendenz zu einer Position innerhalb einer Gruppensituation stattfinden kann.

---

[178] Vgl. Rechtien, 2017, S. 47.
[179] Vgl. König, 2003, S. 199.
[180] Vgl. Stahl, 2017, S. 75.
[181] Vgl. Bachmann, 2022, S. 11.
[182] Vgl. Vatter, 2022, S. 3.

3 Methodik

3.1 Methode der quantitativen Datenerhebung

Zur quantitativen Datenerhebung wird die Methode des teilstandardisierten Fragebogens gewählt. Teilstandardisiert bedeutet in diesem Zusammenhang, dass die Beantwortung des Fragebogens bei jedem Probanden einem gestalteten Ablauf folgt, jedoch kein steuerndes Eingreifen des Interviewers möglich ist. Die Verwendung eines Fragebogens kann kostengünstig und praktikabel über eine Onlinelösung erfolgen.[183]

3.2 Erstellung des Fragebogens

Der Fragebogen ermöglicht die Selbsteinschätzung der Probanden, bei der diese über ihre Einstellungen, Verhaltensweisen oder Gedanken Auskunft geben. Dabei handelt es sich um die dominierende Methode in der Persönlichkeitsforschung.[184]

Der für diese Untersuchung erstelle Fragebogen umfasst in Summe 60 Items. Die vollständige Befragung befindet sich im Anhang unter Anhang A. Grundsätzlich lassen sich die 60 Items in drei Hauptgruppen unterteilen:

- Soziodemografische Fragen (8 Items – Kürzel: SD)
- Fragen zum Teamsetting (10 Items – Kürzel: SE)
- Fragen zu Persönlichkeitseigenschaften und Verhaltensweisen (42 Items – Kürzel: AU)

Die Fragen wurden unter Berücksichtigung der Regeln zur Konstruktion standardisierter Fragebögen nach Döring & Bortz erstellt.[185] Die Beantwortung der Fragen zum Teamsetting und den Persönlichkeitseigenschaften erfolgt anhand einer siebenstufigen Likert-Skala, die in der Forschung häufig bei Selbsteinschätzungen angewandt wird.[186]

3.3 Design der Datenerhebung

Die Umfrage ist in drei Hauptteile untergliedert, welche die Daten zu den Kategorien der Soziodemografie (8 Items), des Gruppensetting (10 Items) und der Ausprägung

---

[183] Vgl. Steiner/Benesch, 2021, S. 45.
[184] Vgl. Weber/Rammsayer, 2012, S. 22.
[185] Vgl. Döring/Pöschl, 2016, S. 409ff.
[186] Vgl. Kallus, 2016, S. 153.

von Persönlichkeitseigenschaften (42 Items) erheben. Im Zuge der Befragung erfolgt zudem eine getrennt erhobene Kontaktabfrage. Diese dient dazu, Teilnehmern die Möglichkeit zu geben, ihren Namen und die E-Mail-Adresse zu hinterlassen, anhand derer sie über den weiteren Verlauf der Forschungsarbeit informiert werden können. Aus Datenschutzgründen erfolgt die Speicherung der Kontaktdaten in einer separaten Datenbank. Innerhalb der Tabelle werden neue Kontaktdaten ohne fortlaufende Nummer oder Ordnung gespeichert und können nur alphabetisch sortiert eingesehen werden.[187] Ein Rückschluss auf personalisierte Interview-Daten und Befragungsergebnisse sind damit ausgeschlossen. Die Anonymität der Befragten ist auch bei Abgabe von Kontaktdaten gewährleistet. Den Abschluss der Untersuchung bildet eine kurze Übersichtsseite, die weitere Informationen sowie eine kurze Danksagung beinhaltet.

Um die Vollständigkeit der Datensätze zu gewährleisten, wird während der Befragung eine Prüfung auf Vollständigkeit durchgeführt. Sollten ein oder mehrere Items der bearbeiteten Seite nicht beantwortet werden, erfolgt ein entsprechender Hinweis und die Bitte um vollständiges Ausfüllen. Das Layout des Fragebogens wurde gemäß den SoSci-Standardeinstellungen schlicht gehalten, um keine Ablenkung bei den Probanden hervorzurufen. Screenshots der vollständigen Befragung, wie sie online abrufbar und von den Teilnehmern beantwortet wurde, sind dem Anhang B zu entnehmen.

3.4 Statistisches Verfahren

Die Clusteranalyse ist ein Verfahren zur Mustererkennung in Datensätzen. Es wird versucht einander ähnliche Gruppen innerhalb einer Stichprobe zu finden. Dabei soll eine möglichst hohe Homogenität innerhalb der Gruppe, sowie gleichzeitig eine Heterogenität der Beobachtungen oder Merkmalsausprägungen zwischen den Gruppen, vorliegen.[188] Für den vorliegenden Fragebogen soll die Clusteranalyse dazu dienen, Probanden mit ähnlich gearteten Antworten im Bereich der Persönlichkeitseigenschaften zu klassifizieren. Anwendung findet in diesem Zusammenhang die Clusteranalyse anhand der Ward-Methode, die als eine der bewährtesten Cluster-Methoden gilt.[189] Als hierarchisches Verfahren fusioniert die Ward-Methode alle Elemente innerhalb des Datensatzes, durch die die geringste Erhöhung der Fehlerquadratsumme einhergeht.[190] Zur Berechnung wird das Statistikprogramm SPSS von IBM verwendet.

[187] Vgl. SoSci Survey GmbH, 2020, o.S.
[188] Vgl. Wiedenbeck/Züll, 2010, S. 525.
[189] Vgl. Bortz/Schuster, 2010, S. 462.
[190] Vgl. Bortz et al., 2010, S. 462.

4 Durchführung der Datenerhebung

4.1 Pretest

Vor der finalen Veröffentlichung und Verbreitung des Fragebogens wird das Konstrukt einem Pretest unterzogen. Dabei soll dessen Funktionalität und Klarheit anhand einer kleinen Stichprobe getestet werden. Insgesamt wurde der Pretest von sechs Probanden online durchgeführt. Ein weiterer Pretest erfolgte in Beisein des Autors unter der Instruktion des „lauten Denkens“.[191] Basierend auf dem Feedback der Testprobanden wurde die Formulierung von drei Items konkretisiert oder abgeändert. Zusätzlich erfolgte die Einschätzung der Bearbeitungsdauer auf Basis der Pretest-Durchläufe.

4.2 Bearbeitung des Fragebogens

Zu Beginn der Umfrage werden die Teilnehmer kurz über die Zielsetzung und Thematik der Befragung informiert. Dabei wird knapp darüber informiert, dass die Umfrage sich mit dem Thema digitale Arbeitskultur und den Erfolgsfaktoren der Teamarbeit befasst. Über das Kernziel, die Identifizierung und Zuordnung von Rollen im gruppendynamischen Raum, wird der Proband nicht aufgeklärt, um keine Verfälschung durch Rollenadaptionen oder Simulationen zu erhalten.

Zusätzlich erfolgt eine Einschätzung der Durchführungsdauer der Umfrage, welche mit acht Minuten angegeben wird. Abschließend wird auf die anonyme und streng vertrauliche Datenerhebung und -auswertung hingewiesen. Den Befragten wird auf jeder Seite des Fragebogens zudem eine Übersicht hinsichtlich des prozentualen Fortschritts innerhalb der Umfrage gegeben. Mit der Auswahl „Weiter“ bestätigt der Teilnehmer die Kenntnisnahme und beginnt die Umfrage.

Im Folgenden werden zunächst die soziodemografischen Daten erhoben. Die Abfrage erfolgt anhand von sieben Items und umfasst das Alter, das Geschlecht, die berufliche Qualifikation, das aktuelle Beschäftigungsverhältnis, die Beschäftigungszeit sowie die Frage, ob bereits Führungserfahrung vorliegt und falls ja, wie lange. Die Erfassung der Informationen erfolgt mittels geschlossener Fragen. Die Probanden geben ihre Antworten durch das Ankreuzen der jeweils zutreffenden Option.

Die Probanden navigieren im Anschluss mit der Auswahl „Weiter“ zur Abfrage der Items für die Abfrage des Teamsettings, in dem sich die Probanden befinden. Auf den

[191] Vgl. Steiner/Benesch, 2021, S. 60.

folgenden drei Seiten erfolgt die Erhebung der Daten für die Selbsteinschätzung der Persönlichkeitseigenschaften. Auf der dritten Seite der Abfrage von Persönlichkeitseigenschaften wird zudem noch die Option zum Hinterlegen der Kontaktdaten angeboten. Dazu kann der Teilnehmer mit einem Klick auf die angezeigte Checkbox ein zusätzliches Feld zum Eintragen der E-Mail-Adresse öffnen.

Mit der Auswahl „Weiter" gelangt der Teilnehmer zur Abschlussseite der Online-Umfrage, die eine kurze Dankesnachricht enthält und über den erfolgreichen Abschluss der Befragung informiert. Für Rückfragen oder Anmerkungen wird auf jeder Seite der Befragung die E-Mail-Adresse des Autors als Kontakt angegeben.

4.3 Zeitraum der Befragung

Die Befragung fand im Zeitraum vom 12.11.2021 bis zum 25.11.2021 ausschließlich online statt. Probanden wurden auf unterschiedliche Weise angesprochen und ohne zusätzliche Anreize, wie beispielsweise Gutscheine oder Aufwandsentschädigungen zur, Teilnahme gebeten. Die Verlinkung wurde an Kommilitonen des Autors an der Hochschule für Ökonomie und Management versendet. Zusätzlich wurden Kontakte aus dem privaten Netzwerk des Autors sowie Mitarbeiter aus dem Unternehmen Atos Information Technology GmbH mit Sitz in München und dem Unternehmen BRZ Deutschland GmbH mit Sitz in Nürnberg angeschrieben.

5 Ergebnisse

Die online durchgeführte Befragung verzeichnete insgesamt 146 Probanden. Die Umfrage wurde dabei von 131 Teilnehmer vollständig beendet. In 15 weiteren Fällen wurde die Umfrage vorzeitig abgebrochen. Eine unvollständige Bearbeitung des Fragebogens kann aufgrund der Konfiguration der Befragung ausgeschlossen werden.

5.1 Deskriptive Statistik

Die Umfrage beinhaltet somit insgesamt 131 auswertbare Datensätze. Wie in Abbildung 4 zu sehen ist, sind 82 Teilnehmer männlich (63 %[192]) und 49 weiblich (37 %). Die Antwortoption divers wurde von keinem der Befragten ausgewählt.

Abbildung 4: Zusammensetzung der Stichprobe hinsichtlich des Geschlechts

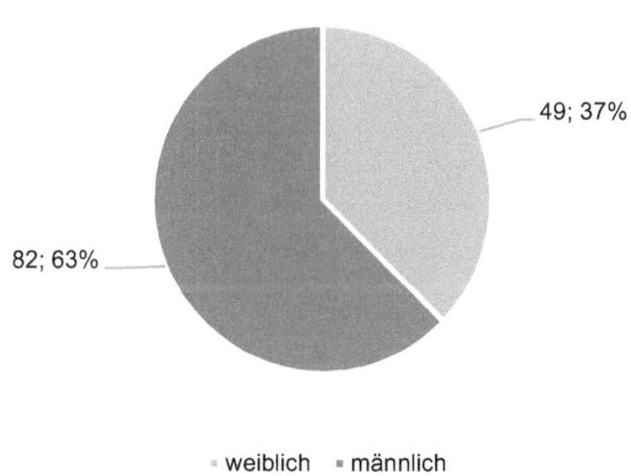

Quelle: Eigene Darstellung

Die Verteilung der Altersgruppen ist Abbildung 5 zu entnehmen. Mit 45 Probanden stellt die Gruppe der 20- bis 29-jährigen die am stärksten vertretene Altersgruppe dar (34 %). Als Grund hierfür kann sicherlich die Verteilung des Fragebogens im Studien- und Freundeskreis des Autors gesehen werden. Auch die Altersgruppen der 50- bis

[192] Die mathematische Rundung erfolgt im Folgenden immer auf ganze Prozentwerte.

59-jährigen mit 32 Probanden (24 %) und die Gruppe 30- bis 39-jährigen ist mit 28 Teilnehmern (21 %) stark vertreten. Hinzu kommen 18 Probanden (14 %) aus der Gruppe der 40- bis 49-jährigen, 7 Teilnehmer (5 %), die 60 Jahre oder älter sind, sowie lediglich ein Teilnehmer (1 %) der das zwanzigste Lebensjahr noch nicht erreicht hat.

Abbildung 5: Altersverteilung der Probanden

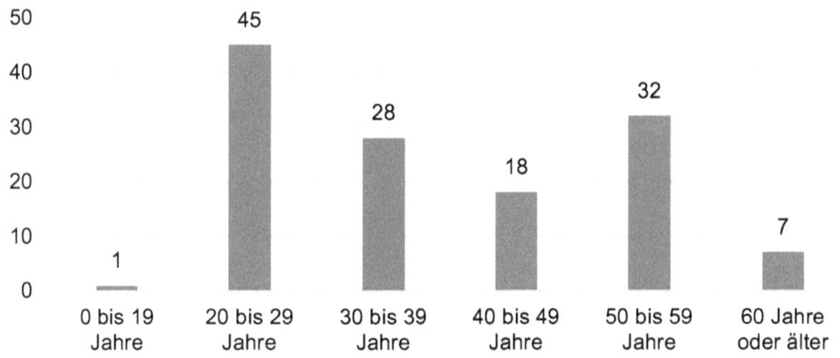

Quelle: Eigene Darstellung

Betrachtet man die Altersstruktur in Abhängigkeit des Geschlechts des jeweiligen Probanden in Abbildung 6, so sieht man bei den meisten Altersgruppen, entsprechend der Verteilung der Grundgesamtheit, eine Mehrzahl an männlichen Teilnehmern. Lediglich aus der Gruppe der 20- bis 29-jährigen haben mehr weibliche als männliche Personen an der Befragung teilgenommen. Abbildung 7 zeigt die anteilsmäßige Verteilung von Personen in Führungstätigkeiten. Insgesamt sind mit 58 Teilnehmern 44 % der Probanden in einer Führungsposition tätig.

Einen genaueren Einblick bietet Abbildung 8. Erkennbar ist, dass der Anteil der Personen mit Führungstätigkeit pro Altersgruppe stetig steigt. Während in der Gruppe der 20- bis 29-jährigen der Anteil bei leidglich 24 % liegt, steigt dieser in der Altersgruppe der 30- bis 39-jährigen auf 36 %, bei den 40- bis 49-jährigen auf 50 % und erreicht in den Gruppen der 50- bis 59-jährigen sowie bei den Teilnehmern, die 60 Jahre oder älter sind, einen Wert von 72 %.

Abbildung 6: Zusammensetzung der Stichprobe hinsichtlich des Geschlechts und der Altersgruppe

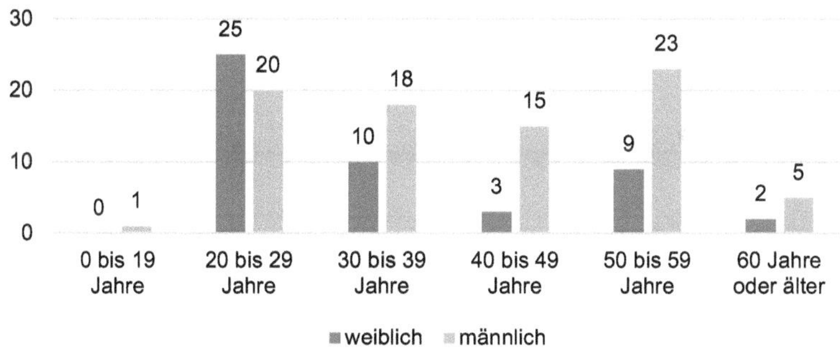

Quelle: Eigene Darstellung

Abbildung 7: Probanden mit und ohne Führungstätigkeit

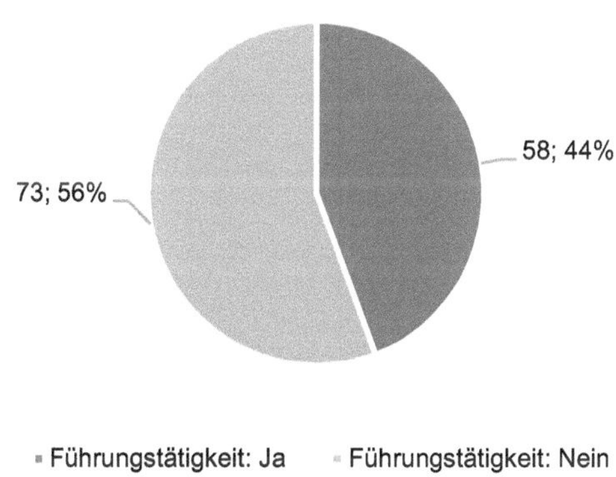

Quelle: Eigene Darstellung

Abbildung 8: Zusammensetzung der Stichprobe hinsichtlich der Altersgruppe und Führungstätigkeit

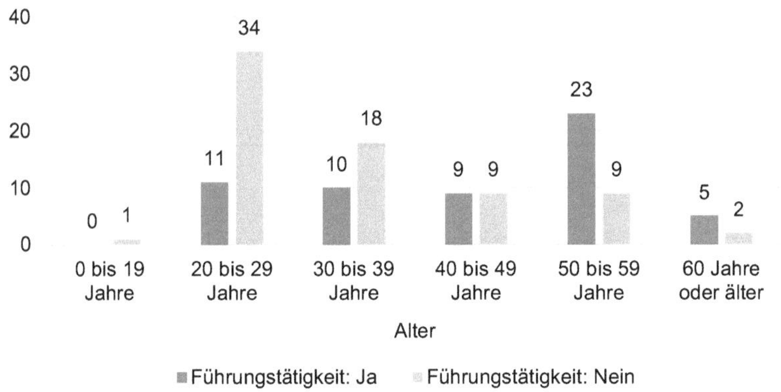

Quelle: Eigene Darstellung

Abbildung 9: Berufliche Qualifikation der Befragten

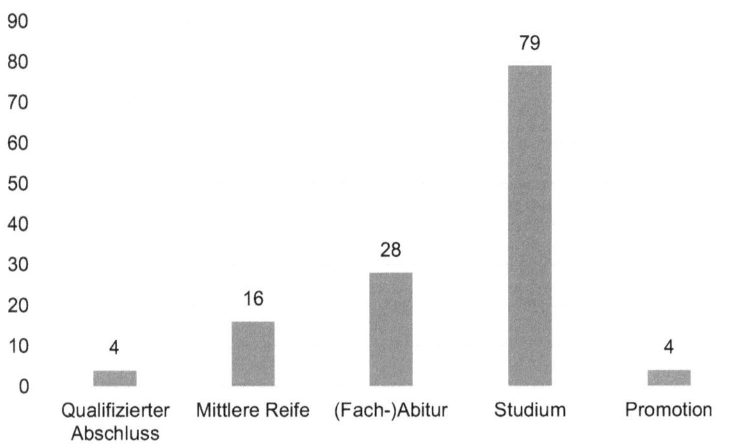

Quelle: Eigene Darstellung

Betrachtet man die berufliche Qualifikation der Befragten, dargestellt in Abbildung 9, so fällt auf, dass Probanden mit einem akademischen Abschluss innerhalb der Stichprobe stark überrepräsentiert sind. Der Anteil der Probanden mit akademischem Abschluss liegt mit 63 % weit über dem Anteil der Beschäftigten in Deutschland, die über einen akademischen Abschluss verfügen. Dieser lag laut der Bundesagentur für Arbeit im Jahr 2020 bei rund 18 %.[193]

Die meisten Teilnehmer der Befragung befinden sich in einem Angestelltenverhältnis. Wie Abbildung 10 zeigt, sind lediglich zwei Beamte, zwei Teilnehmer in Ausbildung, zwei Studenten, sowie fünf selbständige Teilnehmer vertreten.

Abbildung 10: Beschäftigung der Probanden

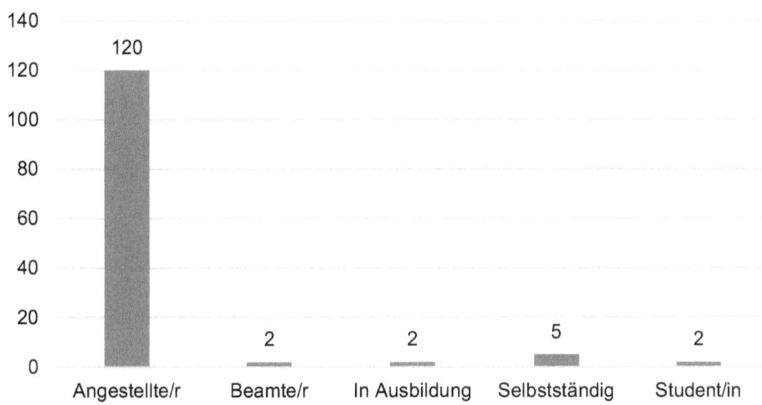

Quelle: Eigene Darstellung

5.2 Clusteranalyse

Zur Clusterung erfolgt die Untersuchung der 42 Items zur Beschreibung der Persönlichkeitseigenschaften der Probanden. Es wird versucht, anhand der Antworten mögliche Cluster zu unterscheiden und diese später detaillierter in Bezug auf den Inhalt und die Bedeutung der Unterschiede zwischen den Clustern zu untersuchen.

---

[193] Vgl. Bundesagentur für Arbeit, 2020, S. 2.

5.2.1 Vier-Cluster-Lösung

Die Methode der hierarchischen Clusteranalyse stellt keine vordefinierten Kriterien zur Bestimmung der Clusteranzahl in SPSS zur Verfügung. Die Bestimmung der Clusteranzahl erfolgt durch den Anwender.[194] Diese Methode wird bewusst gewählt, da eine vordefinierte Anzahl an Clustern eine fälschliche Darstellung der Untersuchungsdaten mit sich bringen könnte.

Einen ersten Anhaltspunkt, wie viele Cluster als Lösung gelten können, liefert das Dendrogramm, das Anhang C entnommen werden kann. Zu erkennen ist dabei, dass die Bildung von vier Clustern eine sinnvolle Option sein könnte.

Abbildung 11 zeigt die Clusterung anhand der Ward-Methode für vier verschiedene Cluster. Im ersten Cluster sind 26 Teilnehmer (19,8 %), im zweiten und größten Cluster sind 69 Teilnehmer (52,7 %) vertreten. Cluster 3 besteht auf 29 (22,1 %) und Cluster 4 lediglich aus 7 Personen (5,3 %).

Tabelle 6: Vier-Cluster-Lösung anhand der Ward-Methode

		Häufigkeit	Prozent	Gültige Prozente	Kumulierte Prozente
Gültig	1	26	19,8	19,8	19,8
	2	69	52,7	52,7	72,5
	3	29	22,1	22,1	94,7
	4	7	5,3	5,3	100,0
	Gesamt	131	100,0	100,0	

Quelle: Eigene Darstellung

Tabelle 7 zeigt eine detaillierte Betrachtung der gebildeten Cluster. Das erste Cluster zeigt einen Mittelwert von 4,68 (SD = 0,26). Das zweite Cluster einen Mittelwert von 4,93 (SD = 0,26). Das dritte Cluster zeigt den höchsten Mittelwert von 5,43 (SD = 0,23) und das vierte Cluster den niedrigsten Mittelwert von 4,24 (SD = 0,30).

Zur Untersuchung der Unterschiede zwischen den gebildeten Clustern erfolgt die Rechnung einer einfaktoriellen Varianzanalyse (ANOVA = analysis of variance). Damit wird geprüft, inwieweit sich die Mittelwerte im Bereich der Ausprägungen der

[194] Vgl. Backhaus et al., 2021, S. 543.

Persönlichkeitseigenschaften unterscheiden. Tabelle 8 zeigt das Ergebnis der einfaktoriellen Varianzanalyse. Zu erkennen ist, dass sich die Mittelwerte der betrachteten Cluster signifikant voneinander unterscheiden (Signifikanz = 0,000). Eine Aussage darüber, wo bzw. zwischen welchen Clustern die signifikanten Unterschiede vorliegen, kann indes durch die ANOVA nicht erfolgen.

Tabelle 7: Detailbetrachtung der Vier-Cluster-Lösung (*ONEWAY deskriptiv)*

					95 %-Konfidenzinterv. für den Mittelw.			
	n	**Mittelwert**	**Std.-Abw.**	**Std.-Fehler**	**Untergrenze**	**Obergrenze**	**Min.**	**Max.**
1	26	4,68	0,26	0,05	4,58	4,79	4,02	5,21
2	69	4,94	0,26	0,03	4,87	5,00	4,38	5,60
3	29	5,43	0,23	0,04	5,34	5,52	4,98	5,83
4	7	4,24	0,30	0,11	3,97	4,51	3,98	4,69
Gesamt	131	4,96	0,40	0,03	4,89	5,03	3,98	5,83

Quelle: Eigene Darstellung

Tabelle 8: Einfaktorielle Varianzanalyse der Vier-Cluster-Lösung

	Quadratsumme	**df**	**Mittel der Quadrate**	**F**	**Signifikanz**
Zwischen den Gruppen	12,04	3	4,01	61,34	0,000
Innerhalb der Gruppen	8,31	127	0,07		
Gesamt	20,35	130			

Quelle: Eigene Darstellung

Zur weiteren Betrachtung erfolgt aus diesem Grund eine Nachfolgeanalyse in Form eines Bonferroni-korrigierten Post-Hoc-Tests. Dabei werden paarweise Vergleiche zwischen den Clustern auf Basis von t-Tests durchgeführt.[195]

Tabelle 9 zeigt, dass der Test eine signifikante Differenz der Mittelwerte bei paarweisen Vergleichen der Cluster zueinander ergibt. Die Vier-Cluster-Lösung, die aufgrund

[195] Vgl. Backhaus et al., 2021, S. 182.

des Dendrogramms als eine Möglichkeit identifiziert wurde, zeigt also zwischen allen definierten Clustern einen signifikanten Unterschied zueinander.

Neben der Vier-Cluster-Lösung scheint es gemäß dem Dendrogramm auch möglich zu sein, eine Clusterung in fünf verschiedene Gruppen vorzunehmen. Die Fünf-Cluster-Lösung soll im Folgenden daher ebenfalls getestet werden.

Tabelle 9: Nachfolgeanalyse der Signifikanz anhand des Bonferroni-Tests

					95 %-Konfidenz-intervall	
(I) Ward-Methode	(J) Ward-Methode	Mittlere Differenz (I-J)	Std.-Fehler	Signi-fikanz	Unter-grenze	Ober-grenze
1	2	-0,255*	0,059	0,000	-0,412	-0,097
	3	-0,747*	0,069	0,000	-0,932	-0,562
	4	0,440*	0,109	0,001	0,148	0,732
2	1	0,255*	0,059	0,000	0,097	0,412
	3	-0,493*	0,057	0,000	-0,644	-0,341
	4	0,694*	0,101	0,000	0,422	0,966
3	1	0,747*	0,069	0,000	0,562	0,932
	2	0,493*	0,057	0,000	0,341	0,645
	4	1,187*	0,108	0,000	0,898	1,476
4	1	-0,440*	0,109	0,001	-0,732	-0,148
	2	-0,694*	0,101	0,000	-0,966	-0,422
	3	-1,187*	0,108	0,000	-1,476	-0,898

Mehrfachvergleiche; Abhängige Variable: 42 Items der Persönlichkeitseigenschaften / Verhaltensmuster. * Die Differenz der Mittelwerte ist auf dem Niveau 0.05 signifikant.

Quelle: Eigene Darstellung

5.2.2 Fünf-Cluster-Lösung

Tabelle 10 zeigt die eine Cluster-Lösung mit fünf Clustern. Auffällig hierbei ist die gleiche Clusterung wie bei der Vier-Cluster-Lösung mit dem Unterschied, dass das größte Cluster aus der Vier-Cluster-Lösung (Cluster 2 in Kapitel 5.2.1) nochmals aufgeteilt wurde. Dies entspricht der wahrgenommenen Cluster-Lösung aus dem Dendrogramm. Das erste Cluster beinhaltet 40 Teilnehmer (30,5 %), das zweite und dritte jeweils 29 Teilnehmer (22,1 %). Im vierten Cluster sind 26 (19,8 %) und im letzten Cluster sieben Personen (5,3 %) zusammengefasst.

Tabelle 10: Fünf-Cluster-Lösung anhand der Ward-Methode

		Häufigkeit	Prozent	Gültige Prozente	Kumulierte Prozente
Gültig	1	40	30,5	30,5	30,5
	2	29	22,1	22,1	52,7
	3	29	22,1	22,1	74,8
	4	26	19,8	19,8	94,7
	5	7	5,3	5,3	100,0
	Gesamt	131	100,0	100,0	

Quelle: Eigene Darstellung

Die detaillierte Darstellung der Fünf-Cluster-Lösung belegt die Aufteilung des großen Clusters aus der Vier-Cluster-Lösung. Somit sind drei Cluster unverändert geblieben, wie Tabelle 11 darstellt. Die Reihenfolge der Cluster hat sich im Zuge der SPSS-Auswertung etwas verschoben. Die neue Clusterung der fünf Cluster erfolgt in der Darstellung in absteigender Reihenfolge, im Gegensatz dazu erfolgte die Darstellung im Zuge der Vier-Cluster-Lösung ohne Sortierung.

Tabelle 11: Zuordnung der Cluster aus beiden Lösungen

Mittelwert	Cluster-Bezeichnung innerhalb der Vier-Cluster-Lösung	Cluster-Bezeichnung innerhalb der Fünf-Cluster-Lösung
4,68	1	4
5,43	3	2
4,24	4	5

Quelle: Eigene Darstellung

Das größte Cluster der Vier-Cluster-Lösung (Cluster 2 mit N=69) ist in den beiden Clustern 1 und 3 der Fünf-Cluster-Lösung aufgegangen. Tabelle 12 zeigt die detaillierten Daten der neuen Clusterung. Das erste Cluster hatte einen Mittelwert von 4,95 (SD = 0,27). Das zweite Cluster hatte einen Mittelwert von 5,43 (SD = 0,23); dies war der höchste Mittelwert. Das dritte Cluster weist einen Wert von 4,91 (SD = 0,25) aus und der fünfte Mittelwert lag bei 4,24 (SD = 0,40).

Tabelle 12: Detailbetrachtung der Fünf-Cluster-Lösung (*ONEWAY deskriptiv*)

					95 %-Konfidenz-interv. für Mittelw.			
	n	Mittel-wert	Std.-Abw.	Std.-Fehler	Unter-grenze	Ober-grenze	Mini-mum	Maxi-mum
1	40	4,95	0,27	0,04	4,87	5,04	4,45	5,60
2	29	5,43	0,23	0,04	5,34	5,52	4,98	5,83
3	29	4,91	0,25	0,05	4,81	5,01	4,38	5,48
4	26	4,68	0,26	0,05	4,58	4,79	4,02	5,21
5	7	4,24	0,30	0,11	3,97	4,51	3,98	4,69
Gesamt	131	4,96	0,40	0,04	4,89	5,03	3,98	5,83

Quelle: Eigene Darstellung

Tabelle 13: Test auf Normalverteilung der Fünf-Cluster-Lösung

		Kolmogorov-Smirnov[a]			Shapiro-Wilk		
	Ward-Methode	Sta-tistik	df	Signi-fikanz	Sta-tistik	df	Signi-fikanz
Gesamt (großer Fragebogen)	1	0,117	40	0,181	0,981	40	0,735
	2	0,107	29	0,200*	0,973	29	0,650
	3	0,098	29	0,200*	0,988	29	0,979
	4	0,128	26	0,200*	0,965	26	0,498
	5	0,261	7	0,162	0,823	7	0,069

* Dies ist eine untere Grenze der echten Signifikanz. [a] Signifikanzkorrektur nach Lilliefors

Quelle: Eigene Darstellung

Vor der Prüfung auf signifikante Unterschiede zwischen den Clustern erfolgt ein Vortest auf Normalverteilung.[196] Dieser wird mit dem Shapiro-Wilk-Test erhoben. Der Signifikanzwert ist überall über p >.05. Somit ist Normalverteilung in jeder Gruppe gegeben und es darf weiter gerechnet werden.[197]

Zusätzlich wird eine Testung auf Ausreißer durchgeführt. Diese spielen bei der Ward Methode eine große Rolle und können die Konstruktion der einzelnen Cluster stark beeinflussen.[198]

Die Prüfung auf Ausreißer zeigt an, dass es nur einen Ausreißer in Cluster 4 gibt. Dieser weicht jedoch nur leicht ab. Eine extreme Abweichung wäre im Box-Plot durch eine Markierung mit Sternchen ersichtlich.[199] Da es sich um keine extreme Abweichung und lediglich einen Fall handelt, wird der Fall nicht ausgeschlossen. Somit kann weiter gerechnet werden, ohne eine Variable zu exkludieren.

Abbildung 11: Box-Plot zur Analyse der Ausreißer

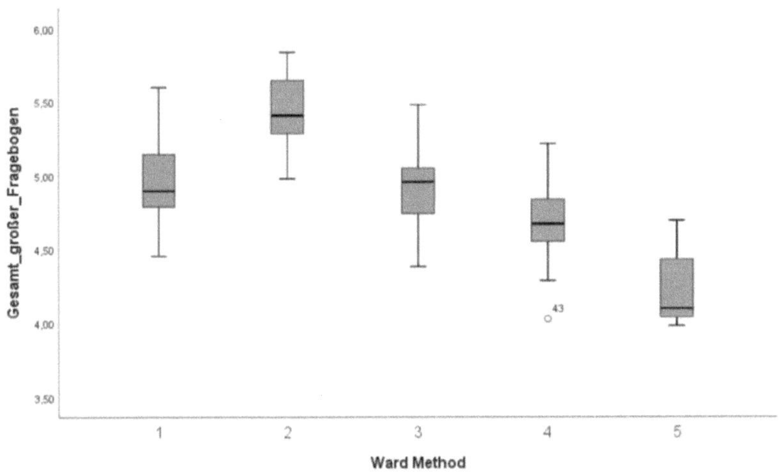

Quelle: Eigene Darstellung

[196] Die hier durchgeführten Vortests werden in der Ausarbeitung bewusst nur für die Fünf-Cluster-Lösung beschrieben. Dies erfolgt unter der Annahme, dass diese bei Gültigkeit bei Testung der Fünf-Cluster-Lösung ebenfalls eine Gültigkeit im Bereich der Vier-Cluster-Lösung mit sich bringt.
[197] Vgl. Backhaus et al., 2021, S. 179.
[198] Vgl. Wiedenbeck/Züll, 2010, S. 545.
[199] Vgl. Walther, 2019, o.S.

Der Test auf Varianzhomogenität mithilfe des Levene-Tests zeigt ebenfalls an, dass weiter gerechnet werden darf, da die Signifikanz bei p = 0,881 > 0,05 liegt. Varianzhomogenität ist somit gegeben und es muss keine Welch-Anova gerechnet werden.[200]

Wie bei der Vier-Cluster-Lösung wird eine einfaktorielle Varianzanalyse gerechnet, um zu prüfen, ob sich die Mittelwerte der Cluster in Hinblick auf die Ausprägungen der Persönlichkeitseigenschaften signifikant unterscheiden. Tabelle 15 zeigt das Ergebnis der einfaktoriellen Varianzanalyse. Zu erkennen ist, dass sich die Mittelwerte zwischen den betrachteten Clustern signifikant voneinander unterscheiden (Signifikanz = 0,000). Eine Aussage darüber, wo bzw. zwischen welchen Clustern die signifikanten Unterschiede vorliegen, kann indes durch die ANOVA nicht erfolgen.

Tabelle 14: Test der Homogenität der Varianzen

		Levene-Statistik	df1	df2	Signifikanz
Gesamt (großer Fragebogen)	Basiert auf Mittelwert	0,294	4	126	0,881
	Basiert auf Median	0,163	4	126	0,957
	Basierend auf Median und mit angepasstem df	0,163	4	113,281	0,957
	Basiert auf getrimmtem Mittelwert	0,275	4	126	0,894

Quelle: Eigene Darstellung

Tabelle 15: Einfaktorielle Varianzanalyse der Fünf-Cluster-Lösung

	Quadratsumme	df	Mittel der Quadrate	F	Signifikanz
Zwischen den Gruppen	12,07	4	3,02	45,96	0,00
Innerhalb der Gruppen	8,28	126	0,07		
Gesamt	20,35	130			

Quelle: Eigene Darstellung

Zur weiteren Betrachtung erfolgt aus diesem Grund eine Nachfolgeanalyse in Form eines Bonferroni-korrigierten Post-Hoc-Tests. Dabei werden paarweise Vergleiche zwischen den Clustern auf Basis von t-Tests durchgeführt.[201] Tabelle 16 zeigt, dass der Test nicht bei allen Clustern eine signifikante Differenz der Mittelwerte bei

[200] Vgl. Hain, o.J., S. 11.
[201] Vgl. Backhaus et al., 2021, S. 182.

paarweisen Vergleichen der Cluster zueinander ergibt. Der Post-Hoc-Test von Bonferroni zeigt an, dass sich alle Gruppen bis auf 1 und 3 unterscheiden. Alle anderen Cluster erreichen das signifikante Niveau von unter 5 %.

Tabelle 16: Bonferroni-Test der Fünf-Cluster-Lösung

(I) Ward Method	(J) Ward Method	Mittlere Diff. (I-J)	Std.-Fehler	Signifikanz	95 %-Konfidenzintervall Untergrenze	95 %-Konfidenzintervall Obergrenze
1	2	-0,47*	0,06	0,00	-0,65	-0,30
	3	0,05	0,06	1,00	-0,13	0,22
	4	0,27*	0,06	0,00	0,09	0,46
	5	0,71*	0,11	0,00	0,41	1,01
2	1	0,47*	0,06	0,00	0,30	0,65
	3	0,52*	0,07	0,00	0,33	0,71
	4	0,75*	0,07	0,00	0,55	0,95
	5	1,19*	0,11	0,00	0,88	1,50
3	1	-0,05	0,07	1,00	-0,22	0,13
	2	-0,52*	0,07	0,00	-0,71	-0,33
	4	0,23*	0,07	0,01	0,03	0,43
	5	0,67*	0,11	0,00	0,36	0,98
4	1	-0,27*	0,06	0,00	-0,46	-0,09
	2	-0,75*	0,07	0,00	-0,95	-0,55
	3	-0,23*	0,07	0,01	-0,43	-0,03
	5	0,44*	0,11	0,00	0,13	0,75
5	1	-0,71*	0,11	0,00	-1,01	-0,41
	2	-1,19*	0,11	0,00	-1,50	-0,88
	3	-0,67*	0,11	0,00	-0,98	-0,36
	4	-0,44*	0,11	0,00	-0,75	-,013

Mehrfachvergleiche; Abhängige Variable: 42 Items der Persönlichkeitseigenschaften / Verhaltensmuster * Die Differenz der Mittelwerte ist auf dem Niveau 0.05 signifikant.

Quelle: Eigene Darstellung

5.2.3 Zusammenfassung der Clusteranalyse

Wie dargestellt wurde, können vier sich voneinander signifikant unterscheidende Cluster aus den Daten der Befragten gebildet werden. Eine Clusterung in fünf Gruppen hat bei zwei Clustern keinen signifikanten Unterschied hinsichtlich der Mittelwerte erreicht. Im Folgenden soll dennoch die Fünf-Cluster-Lösung weiter betrachtet und untersucht werden. Dies hat die folgenden Gründe:

1. Bei 42 untersuchten Persönlichkeitseigenschaften bzw. Verhaltensweisen könnten trotz der nicht signifikanten Unterscheidung der Mittelwerte beider Cluster interessante Aspekte in Bezug auf einzelne Merkmalsausprägungen betrachtet werden. Dies kann nur durch eine weitere Detailbetrachtung untersucht werden.
2. Es ist nicht auszuschließen, dass bei einer größeren Anzahl der Studienteilnehmer ein signifikanter Unterschied bei mehr als vier Clustern erreichbar gewesen wäre. Die vorliegende Stichprobe umfasst in Summe N=131 Probanden. Weitere Untersuchungen mit größeren Teilnehmerzahlen sollen diesen Punkt in nachfolgenden Forschungsarbeiten eingehender betrachten.
3. Es handelt sich bei der vorliegenden Untersuchung um einen Versuch zur Identifizierung von Positionen in Gruppen. Eine definierte Zuordnung von Positionen zu empirisch messbaren Kennziffern oder Ausprägungswerten ist nach aktuellem Stand nicht gegeben. Eine Detailbetrachtung von sich signifikant unterscheidenden Clustern und der beiden nach Mittwerten nicht signifikant unterscheidbaren Clustern scheint für weitere Erkenntnisse lohnend.
4. Es soll im Folgenden ebenfalls geprüft werden, ob eine Unterscheidung der nach Testung auf Mittelwert nicht signifikant abweichenden Cluster hinsichtlich der demografischen Daten Auffälligkeiten aufweist. Möglicherweise bestehen bei den beiden Clustern, die hinsichtlich der Persönlichkeitseigenschaften vergleichbare Ergebnisse liefern, auch in Hinblick auf demografische Daten Ähnlichkeiten.

5.3 Untersuchung der Cluster anhand der demografischen Daten

5.3.1 Geschlechterverteilung

In der Gesamtbetrachtung der Stichprobe lag der Anteil männlicher Teilnehmer bei 63 % und der Anteil weiblicher Probanden bei 37 %. Vergleicht man die Geschlechterverteilung innerhalb der Cluster, so ist in Cluster 1 ein Viertel (25 %) der Probanden weiblich und drei Viertel (75 %) der Probanden männlich. In Cluster 2 sind 34,5 % weiblich und 65,5 % männlich, was nahezu der durchschnittlichen Geschlechterverteilung entspricht. Cluster 3 zeigt, mit großer Ähnlichkeit zu Cluster 1, eine Verteilung von 27,6 % (weiblich) zu 72,4 % (männlich). In Cluster 4 ist der Anteil weiblicher Probanden bei 65,4 % sowie der Anteil der männlichen Teilnehmer 34,6 %. Cluster 5 zeigt eine Verteilung von 57,1 % weiblichen und 42,9 % männlichen Probanden.

Auffällig ist, dass die prozentuale Verteilung der Geschlechter besonders zwischen Cluster 1 und Cluster 3 sehr ähnlich ist. Obwohl demografische Daten zur Clusterung keinen Einfluss hatten, befindet sich die größte Ähnlichkeit hinsichtlich der Geschlechterverteilung zwischen den Clustern genau bei den Clustern, die auch hinsichtlich ihrer Persönlichkeitsausprägungen keine signifikante Unterscheidung erkennen lassen. Ein Zusammenhang zwischen dem Geschlecht und der Ausprägung der Persönlichkeitseigenschaften gemäß dem konstruierten Fragebogen scheint somit zumindest angedeutet und könnte ein erster Ansatzpunkt für folgende Untersuchungen darstellen.

Tabelle 17: Detailbetrachtung der Cluster bezüglich der Geschlechterverteilung

Ward-Methode			Häufigkeit	Prozent	Gültige Prozente
1	Gültig	weiblich	10	25,0	25,0
		männlich	30	75,0	75,0
		Gesamt	40	100,0	100,0
2	Gültig	weiblich	10	34,5	34,5
		männlich	19	65,5	65,5
		Gesamt	29	100,0	100,0
3	Gültig	weiblich	8	27,6	27,6
		männlich	21	72,4	72,4
		Gesamt	29	100,0	100,0
4	Gültig	weiblich	17	65,4	65,4
		männlich	9	34,6	34,6
		Gesamt	26	100,0	100,0
5	Gültig	weiblich	4	57,1	57,1
		männlich	3	42,9	42,9
		Gesamt	7	100,0	100,0

Quelle: Eigene Darstellung

5.3.2 Altersstruktur

Als nächste Variable wird die Altersstruktur in Bezug auf die Cluster untersucht. In Cluster 1 gibt es einen Mittelwert von 3,38 (SD = 1,25). Die Probanden sind somit im Mittel in der Altersgruppe der 30- bis 39-jährigen oder der 40- bis 49-jährigen. Das zweite Cluster ist mit einem Mittelwert von 4,07 (SD = 1,490) im Schnitt älter. Der Wert des dritten Clusters beträgt 3,55 (SD = 1,33) und hat somit zusammen mit Cluster 1 die geringste Abweichung zwischen den Clustern. Mit einem Wert von 2,70 ist Cluster 4 am jüngsten. (SD = 1,01). Der Mittelwert beträgt 3,31 (SD = 1,25).

Der Mittelwert der gesamten Stichprobe liegt für die Altersgruppen bei einem Wert von 3,43. Cluster 1, 3 und 5 entsprechen demnach stark der Altersstruktur der Stichprobe. Auffallend sind Cluster 2 mit einer durchschnittlich eher alten und Cluster 4 mit einer im Schnitt sehr jungen Altersstruktur.

Aufgrund des Designs der Befragung ist es leider nicht möglich, absolute Werte zur Altersuntersuchung heranzuziehen. Als Verbesserung soll für zukünftiger Untersuchungen das absolute Alter abgefragt werden.

Tabelle 18: Detailbetrachtung der Cluster mit Blick auf die Altersstruktur

Cluster	n	Mittelwert	Median	Std.-Abw.	Min.	Max.
1	40	3,38	3,0	1,25	2	5
2	29	4,07	4,0	1,49	2	6
3	29	3,55	4,0	1,33	1	6
4	26	2,69	2,0	1,01	2	5
5	7	3,29	3	1,25	2	5

Quelle: Eigene Darstellung

5.3.3 Berufliche Qualifikation

Die berufliche Qualifikation unterscheidet sich in der Detailbetrachtung zwischen den Clustern kaum voneinander. So liegt der Wert bei allen Clustern um einen Wert von 4,5 mit einer Standardabweichung von 0,3 – 0,9. Auf die Darstellung der Tabelle mit detaillierten Informationen wird daher an dieser Stelle verzichtet.

5.3.4 Führungstätigkeit

In der Gesamtbetrachtung der Stichprobe lag der Anteil der Teilnehmer mit Führungserfahrung bei 56 % der Anteil der Befragten ohne Führungserfahrung bei 44 %.

Die Variable Führung zeigt auch unterschiedliche Verteilungen zwischen den Clustern. Im ersten Cluster verfügen 55 % der Befragten über Führungserfahrung. Im zweiten Cluster befinden sich ebenfalls rund 55 % an Personen mit Führungserfahrung. Auch das dritte Cluster hat eine Ähnlichkeit in der Verteilung zu Cluster 1 und 2. 51,7 % verfügen in Cluster 3 über Führungserfahrung. Das vierte Cluster weicht hingegen am auffälligsten vom Mittelwert der Gesamtstichprobe ab. Nur 11,5 % geben an, bereits Erfahrung in Führungspositionen gemacht zu haben. Das fünfte Cluster weist mit 28,6 % ebenfalls einen niedrigen Anteil an Personen auf, die in aktuell in einer Führungsposition sind oder dies bereits waren.

Tabelle 19 Detailbetrachtung der Cluster mit Blick auf die Tätigkeit in einer Führungsposition

Ward Method			Häufigkeit	Prozent	Gültige Prozente
1	Gültig	Ja	22	55,0	55,0
		Nein	18	45,0	45,0
		Gesamt	40	100,0	100,0
2	Gültig	Ja	16	55,2	55,2
		Nein	13	44,8	44,8
		Gesamt	29	100,0	100,0
3	Gültig	Ja	15	51,7	51,7
		Nein	14	48,3	48,3
		Gesamt	29	100,0	100,0
4	Gültig	Ja	3	11,5	11,5
		Nein	23	88,5	88,5
		Gesamt	26	100,0	100,0
5	Gültig	Ja	2	28,6	28,6
		Nein	5	71,4	71,4
		Gesamt	7	100,0	100,0

Quelle: Eigene Darstellung

In Bezug auf die Führungsdauer der einzelnen Cluster zeigen sich hingegen keine nennenswerten Abweichungen. Cluster 1, 2 und 3 verfügen über einen vergleichbaren Mittelwert bezüglich der Führungsdauer. Cluster 4 und 5 weichen deutlich ab. Dies liegt insbesondere daran, dass die Antwortoption „Keine Tätigkeit in einer Führungsposition" mit dem Wert 0 kodiert ist. Entsprechend niedrige Mittelwerte der Cluster 4 und 5 waren aufgrund des geringen Anteils in Bezug auf Führungstätigkeit zu erwarten.

6 Interpretation und Plausibilisierung

6.1 Charakterisierung der identifizierten Cluster

Die durch die Datenanalyse identifizierten Cluster sollen im Folgenden qualitativ beschrieben werden. Dies erfolgt anhand der für das jeweilige Cluster charakteristischen Ausprägungen aus dem Fragenbogen. Zur Visualisierung wurden Wortwolken mit relevanten Schlagworten erstellt, die einen prägnanten Überblick zur Beschreibung des jeweiligen Clusters ermöglichen.

Zur Bildung der Wolken wurde jedem Item der Kategorie Ausprägung des Fragebogens ein Schlagwort zugeordnet. Tabelle 20 verdeutlicht beispielhaft das Vorgehen.

Tabelle 20: Schlagwortbildung zur Visualisierung der Cluster (Beispiele)

ID Fragebogen	Frage	Schlagwort für Wortwolke
AU03	Ich übernehme gerne die Führung in einer Gruppe	Führungsanspruch
AU24	Ich passe mich schnell neuen Situationen an	Anpassungsfähigkeit

Quelle: Eigene Darstellung

Die Darstellung innerhalb der Wortwolke basiert auf einem Relevanzwert, der pro Ausprägung und Cluster errechnet wurde. Ausschlaggebend für den Wert sind zwei Faktoren:

1. der Mittelwert aller Antworten eines Clusters zur jeweiligen Ausprägung im Vergleich mit den anderen Clustern
2. die Mittelwert-Differenz zwischen dem jeweiligen Cluster und der gesamten Stichprobe[202]

Zu 1.: Unabhängig vom jeweiligen absoluten Mittelwert wurde eine Reihenfolge der Cluster pro Ausprägung erstellt. Zu diesem Zweck wurde für jede Ausprägung die Platzierung eins bis fünf vergeben. Das Cluster mit dem höchsten Mittelwert erhält eine Zuordnung zu Platzierung eins. Das Cluster mit dem niedrigsten Mittelwert wird der fünften Platzierung zugeordnet. Die Plätze zwei, drei und vier werden analog

[202] Die entsprechenden Daten können Anhang E entnommen werden.

vergeben. Entsprechend der Platzierung erhält das Cluster, das in der Ausprägung die erste Platzierung erreicht hat, und das Cluster mit der letzten Platzierung den höchsten Faktor zur Berechnung der Relevanz. Die Platzierungen zwei und vier erhalten ebenfalls den gleichen Wert. Der Platzierung drei wird der geringste Wert zugeordnet.

Mit diesem Faktor ist der Überlegung Rechnung getragen, dass eine Ausprägung relevanter ist, je extremer die Platzierung im Vergleich zu den übrigen Clustern ist.

Zu 2.: Der zweite Faktor ergibt sich in Abhängigkeit der Mittelwert-Differenzen. Hierzu wird die Differenz des Mittelwertes pro Cluster und Ausprägung zum Mittelwert der gesamten Stichprobe pro Ausprägung betrachtet. Ein Beispiel in Tabelle 21 soll dieses Vorgehen verdeutlichen.

Tabelle 21: Beispiel zur Berechnung des Relevanz-Faktors

Cluster	Mittelwert AU 23	Differenz Mittelw. zu Total	Mittelwert AU 24	Differenz Mittelw. zu Total
1	5,80	-0,01	6,23	0,36
2	6,52	0,71	6,34	0,48
3	5,72	-0,09	5,62	-0,24
4	5,65	-0,16	5,23	-0,63
5	3,86	-1,95	5,14	-0,72
Stichprobe gesamt	5,81	-	5,86	-

Quelle: Eigene Darstellung

Wie in Tabelle 21 erkennbar ist, verfügt das fünfte Cluster sowohl bei Ausprägung AU23 als auch bei AU24 über den geringsten Mittelwert aller Cluster. Gemäß dem ersten Faktor zur Berechnung der Relevanz erhält Cluster 5, bezogen auf die Rangliste, gemeinsam mit Cluster 2 bereits den höchsten Wert. Eine vergleichbare Relevanz des Ergebnisses bezogen auf AU23 für sowohl Cluster 2 als auch Cluster 5 kann jedoch allein durch die Platzierung nicht attestiert werden. Aus diesem Grund wird der zweite Faktor mit in die Berechnung der Relevanz einbezogen. Dieser Faktor ist abhängig von der Mittelwert-Differenz zur gesamten Stichprobe. Im Beispiel aus Tabelle 21 ist die Mittelwert-Differenz bei Cluster 5 in Bezug auf Ausprägung AU23 mit einem Wert von -1,95 sehr stark ausgeprägt, während sie in Cluster 2 bei einem deutlich geringeren Wert von 0,71 liegt. Durch den zweiten Faktor wird sichergestellt, dass der Relevanzwert des fünften Clusters für AU23 höher ausfällt als für Cluster 2.

Gleichzeitig wird damit erreicht, dass Fällen, bei denen zwar eine extreme Platzierung, jedoch kaum eine Differenz zum Mittelwert der gesamten Stichprobe vorliegt, eine geringere Relevanz zugerechnet wird. Anhand der Multiplikation ergeben sich damit auch negative, aber absolut hohe Relevanzwerte, wie am Beispiel des fünften Clusters in Verbindung mit AU23. Weiter entstehen Relevanzwerte nahe der Null bei Fällen, in denen das Cluster dem Mittelwert der Stichprobe entspricht, wie es im Beispiel bei Cluster 1 in Verbindung mit AU23 der Fall ist.

Die Darstellung in den folgenden Visualisierungen erfolgt daher anhand des Relevanzwertes. Eine rote Darstellung der Charakterisierung bedeutet eine negative Abweichung zum Mittelwert der gesamten Stichprobe. Grün signalisiert einen höheren Wert als dieser im Mittel über alle Teilnehmer erzielt wurde. Die Schriftgröße ergibt sich in Abhängigkeit vom absoluten Relevanzwert. Je höher der Relevanzwert, desto größer auch die Schrift in der Visualisierung.[203]

6.1.1 Qualitative Beschreibung der Cluster

Cluster 1

Das erste Cluster zeichnet sich dadurch aus, dass die zugehörigen Personen häufig als Sprachrohr zwischen der Teamleitung und dem Team auftreten. Vermutlich wird diese Ausprägung nicht zuletzt durch den hohen Anteil an Personen mit Führungstätigkeit in diesem Cluster erreicht. Insgesamt sind 22 der 40 Personen (55 %) des Clusters aktuell in einer Führungsposition aktiv oder waren bereits in einer solchen tätig. Der Führungsanspruch dieses Clusters ist erkennbar, auch wenn dieser nicht so stark ausgeprägt ist wie bei den anderen Clustern. Personen dieses Clusters scheinen im Team beliebt zu sein und können den Zusammenhalt des Teams unter anderem mit Humor verstärken. Generell scheint der Fokus auf einem starken Miteinander ohne großen Konkurrenzkampf zu liegen. In Bezug auf schwache Teammitglieder zeichnet sich das Cluster durch eine im Vergleich zu den anderen Clustern eher abweisende Haltung aus. Personen dieses Clusters machen einen extrovertierten und einflussreichen Eindruck. Sie haben ein hohes Zugehörigkeitsgefühl zur Gruppe und fühlen sich dieser gegenüber verpflichtet. Auffällig bleibt der hohe prozentuelle Anteil an Männern innerhalb dieses Clusters. Eine qualitative Aussage über diesen Anteil ist indes schwierig. Vielmehr sollen weitere Untersuchungen den Einfluss und die Bedeutung von Geschlechtern auf die Gruppendynamik und Positionen in Gruppensituationen eingehender aufzeigen. Abbildung 12 kann die Visualisierung des ersten Clusters entnommen werden.

---

203 Die Erstellung der Wortwolken erfolgte mit Hilfe der Website <www.wortwolken.com>.

Abbildung 12: Visualisierung der Ausprägungen für Cluster 1

Quelle: Eigene Darstellung

Cluster 2

Das zweite Cluster kann im Vergleich zu allen anderen Clustern als das Cluster der Superlative beschrieben werden. Von den insgesamt 42 Fragen wurde durch dieses Cluster bei 32 Fragen der höchste Wert erzielt. Dazu kommen drei Fragen, bei denen der niedrigste Wert erzielt wurde. Damit belegt Cluster 2 bei über 83 % aller Fragen entweder den ersten oder letzten Platz im Vergleich mit den Bewertungen der anderen Cluster. Im Vordergrund steht allen voran der Führungsanspruch und Durchsetzungswille. Eine Scheu vor unangenehmen oder unbeliebten Entscheidungen besteht nicht. Personen dieses Clusters zögern weder ihre eigenen Gedanken zu äußern, noch gehen sie Konflikten aus dem Weg. Sie scheinen generell äußerst selbstbewusst aufzutreten.

Dieses Selbstbewusstsein spiegelt sich auch in der Beantwortung des Fragebogens wider. Die Beziehungen zum Team werden als gut beschrieben. Gleichzeitig hat die Meinung im Team ein hohes Gewicht und das Fachwissen trägt stark zur Lösung von Problemen bei. Es wird gegenüber Personen, die den Fortschritt verlangsamen, ungeduldig aufgetreten und gleichzeitig eine sehr hohe Zustimmung dazu propagiert, dass Schwache im Team mitgetragen werden sollten und ungewöhnliche Ideen diskutiert werden sollen. Inwieweit manche sich auf den ersten Blick teils wiedersprechende Antworten politisch motiviert sind, kann an dieser Stelle nicht eingeschätzt werden. Für eine tiefergehende Einschätzung bedarf es einer zusätzlichen Fremdeinschätzung. An Erfahrung im Bereich der Führungstätigkeit mangelt es den Personen dieses Clusters keinesfalls. Mit insgesamt 55,2 % handelt es sich hier um den höchsten Anteil der Personen mit Führungserfahrung. Gleichzeitig handelt es sich mit Blick auf das Alter um das Cluster mit den im Schnitt ältesten Probanden.

Abbildung 13: Visualisierung der Ausprägungen für Cluster 2

Quelle: Eigene Darstellung

Cluster 3

Das dritte Cluster hält eine starke Führungsperson wichtig für den Teamfortschritt. Dabei sind gut die Hälfte (51,7 %) der Personen, die diesem Cluster angehören, selbst in einer Führungsposition tätig oder waren dies bereits in der Vergangenheit. Demografisch betrachtet entspricht das Cluster sehr stark den Eigenschaften des ersten Clusters.

Generell scheint dieses Cluster von allen Clustern qualitativ am schwierigsten beurteilt werden zu können. Es mangelt an extremen Ausprägungen. Bei keinem der 42 Items zur Beschreibung der Persönlichkeitseigenschaften und Verhaltensweisen wurde der höchste oder der niedrigste Wert aller Cluster erreicht. Es findet häufig eine unwesentliche Schwankung um den Mittelwert statt. Aus diesem Grund darf die Visualisierung in Abbildung 14 auch nicht falsch interpretiert werden. Die Darstellung basiert auf dem Relevanzwert der jeweiligen Items in Bezug auf Cluster 3.

Abbildung 14: Visualisierung der Ausprägungen für Cluster 3

Quelle: Eigene Darstellung

Ein Vergleich anhand der Größe einzelner Beschreibungen mit der Visualisierung der anderen Cluster ist indes nicht möglich und würde die Beschreibung des Clusters falsch darstellen. Die Clusteranalyse hat gezeigt, dass Cluster 1 und Cluster 3, bezogen auf die Mittelwerte, nicht signifikant voneinander abweichen. Aus diesem Grund soll in Kapitel 6.1.2 explizit auf die Auffälligkeiten in Hinblick auf Unterschiede der beiden Cluster eingegangen werden.

Cluster 4

Das vierte Cluster zeichnet sich dadurch aus, dass kein Führungsanspruch besteht. Personen dieses Clusters fühlen sich in der Führungsposition meist unwohl. Die Visualisierung in Abbildung 15 unterstreicht den fehlenden Führungsanspruch durch die prominente Darstellung auf den ersten Blick. Insgesamt verfügen nur 11 % des Clus-

Abbildung 15: Visualisierung der Ausprägungen für Cluster 4

Quelle: Eigene Darstellung

ters über Erfahrungen in der Tätigkeit als Führungskraft. Personen, die diesem Cluster zugehören, scheinen ungern Entscheidungen treffen zu wollen. Insbesondere wenn es sich dabei um unbeliebte Entscheidungen handelt. Generell agieren diese Personen eher aus dem Hintergrund und treten passiv auf. Sie zögern, ihre Gedanken zu äußern und überlassen Diskussionen eher anderen Menschen. Es besteht ein gutes Verhältnis zu Teammitgliedern und zumindest kein Konflikt mit der Führungskraft. Mit einem Anteil von 65,4 % ist dieses Cluster überdurchschnittlich stark mit weiblichen Teilnehmern besetzt. Gleichzeitig handelt es sich um das im Schnitt jüngste Cluster. Ein Zusammenhang zwischen den Ergebnissen der Befragung und den demografischen Daten kann an dieser Stelle jedoch weder bestätigt noch ausgeschlossen werden. Die Datenbasis von N = 131 erscheint für eine solche Untersuchung auch nicht umfangreich genug. Wie bereits in der Beschreibung von Cluster 1 wird an dieser Stelle nochmals auf den Bedarf von weiteren Arbeiten zur Untersuchung des Einflusses und der Bedeutung demografischer Daten hingewiesen.

Cluster 5

Das fünfte Cluster sticht in der Visualisierung auf den ersten Blick durch die Farbgebung heraus. Die Farbe Rot und damit unterdurchschnittliche Bewertungen der Items dominiert stark. Personen dieses Clusters scheinen am Rande ihres Teams zu stehen und keine nennenswerte Rolle im Teamgefüge zu spielen. Sie sehen sich selbst nicht als vollwertigen Teil des Teams, sind weder bei der Führungskraft beliebt noch bei den anderen Teammitgliedern. Das Team als solches hat für Personen dieses Clusters keine Bedeutung und sie fühlen sich den Zielen nicht verpflichtet. Die zum Teil extrem von den anderen Clustern abweichenden Antworten zu Items des Fragebogens erwecken den Eindruck von ausgestoßenen Personen, die in ihrem Gruppendasein resigniert haben.

Ein aktives Einbringen von Ideen findet nicht statt. Es wird vielmehr gezögert, die eigenen Gedanken zu äußern. Das Cluster verfügt insgesamt nur über sieben Probanden. Dennoch ist auffällig, dass darunter immerhin zwei Personen über ehemalige oder aktive Führungstätigkeit verfügen. Als Verbesserung wird an dieser Stelle vermerkt, dass die Abfrage der Führungstätigkeit nach aktueller oder ehemaliger Tätigkeit künftig nicht in einer Frage abgehandelt, sondern vielmehr differenziert vorgenommen werden sollte.

Abbildung 16: Visualisierung der Ausprägungen für Cluster 5

Quelle: Eigene Darstellung

6.1.2 Unterschied zwischen Cluster 1 und 3

Wie bereits beschrieben soll die Unterscheidung der Cluster 1 und 3 durch einen direkten Vergleich der höchsten Abweichungen dargestellt werden. Tabelle 22 zeigt die Items zur Beschreibung der Persönlichkeitseigenschaften und Verhaltensweisen mit den höchsten absoluten Differenzen beider Cluster, die höhere Ausprägung je Item ist dabei zur Verdeutlichung jeweils grau hinterlegt. Zusätzlich zeigt Anhang E für jedes Item die absolute Differenz der Cluster 1 und 3.

Cluster 1 zeigt, bezogen auf die ersten vier in Tabelle 22 dargestellten Items, einen höheren Mittelwert. Die Items beziehen sich insbesondere auf das Verhältnis zur

Führungskraft und zu den Teammitgliedern. Der soziale Stand und die Beliebtheit innerhalb des Teams scheinen demnach bei Cluster 1 ausgeprägter zu sein als dies bei Cluster 3 der Fall ist.

Cluster 2 zeigt einen stärkeren Bedarf an Strukturiertheit durch eine klare Definition von Zielen. Im Vergleich zu Cluster 1 stimmen die Personen des zweiten Clusters eher der Aussage zu, dass sie sich nicht als vollwertigen Teil des Teams sehen. Die Werte deuten jedoch keineswegs auf eine Ausgrenzung oder Unbeliebtheit hin, sie sind lediglich im Vergleich zum ersten Cluster stärker ausgeprägt.

Tabelle 22: Vergleich der Cluster 1 und Cluster 3

Item	Cluster 1	Cluster 3	Abs. Diff.
AU15 (Meine Meinung hat ein hohes Gewicht im Team)	**5,90**	4,83	1,07
AU16 (Meine Meinung hat ein hohes Gewicht bei der Teamleitung)	**5,93**	4,83	1,10
AU18 (Ich verstehe mich mit meinem Vorgesetzen gut)	**6,30**	5,17	1,13
AU22 (Ich kann mit allen Leuten gut auskommen)	**6,10**	4,93	1,17
AU27 (Für mich ist es schwierig zu arbeiten, wenn die Ziele nicht klar definiert sind)	4,60	**5,62**	1,02
AU38 (Ich fühle mich nicht als vollwertiger Teil des Teams)	1,78	**2,83**	1,05

Quelle: Eigene Darstellung

6.2 Abgleich mit beschriebenen Modellen

Ein Abgleich der identifizierten und beschrieben Cluster mit bestehenden Modellen aus dem Bereich der Gruppendynamik ist nur eingeschränkt möglich. Dies liegt insbesondere an den in Kapitel 6.3 ausgeführten Limitationen der Untersuchung. Aus diesem Grund wird zwar ein Vergleich im Folgenden beschrieben, dieser hat jedoch keinen Anspruch auf Vollständigkeit und kann bestehende Modelle weder empirisch noch theoretisch belegen.

Versucht man sich an einem Abgleich, so fällt es am leichtesten die stark polarisierenden Cluster mit Positionen aus Gruppenstruktur-Modellen zu vergleichen. Ein Vergleich zum Modell nach Belbin[204] ist dabei jedoch schwierig, da es weniger einen hierarchischen Charakter in Positionen darstellt und ein Teammitglied nicht auf eine einzige Rolle beschränkt ist, sondern vielmehr mehrere Rollen gleichzeitig einnehmen kann. Der Vergleich erfolgt daher anhand von Schindler[205] und Vatter[206]. Bachmann[207] verwendet die Positionen nach Schindler, weshalb keine zusätzliche Unterscheidung stattfinden soll.

Die wohl größte Übereinstimmung in der Beschreibung kann für die Cluster 2 und 5 erkannt werden. Das zweite Cluster scheint mit Blick auf den Führungsanspruch, das gefühlte Selbstverständnis von Überlegenheit und das Selbstbewusstsein der Alpha-Position zu entsprechen. Dabei stimmt die Definition der Alpha-Position nach Schindler mit der der anderen Autoren weitestgehend überein. Bachmann verwendet die Positionen nach dem Verständnis von Schindler. Vatters Definition geht hinsichtlich der Beschreibung von Motiven und Fähigkeiten tiefer. Diese Beschreibungen scheinen in Bezug auf das identifizierte Cluster 2, bezeichnet als Alpha-Cluster, zutreffend.

Cluster 5 stellt das andere Extrem dar. Folgt man den Beschreibungen der Positionen nach Schindler, könnte es sich dabei um Personen in der Omega-Position handeln. Damit würden diese Personen nach der Definition von Schindler das G innerhalb der Gruppe repräsentieren und über keinerlei Macht verfügen. Auch die Definition von Vatter passt zur Beschreibung des Clusters. So fühlen sich Individuen in der Omega-Rolle nach Vatter nicht mehr als vollwertiger Teil des Teams und haben bereits resigniert. Ein Widerstand ist nicht mehr zu erkennen.

Cluster 4 agiert eher aus dem Hintergrund und tritt passiv auf. Personen dieses Clusters zögern, ihre Gedanken zu äußern und überlassen Diskussionen eher anderen Menschen. Die Beschreibung scheint im Groben mit der Gamma-Position nach Schindler, also dem Kollektiv der Gruppe, übereinzustimmen. Demnach tauchen Mitglieder dieses Clusters eher ab, um die eigene Persönlichkeit zu verdecken, wodurch eine anonyme Mitgliedschaft innerhalb der Gruppe erreicht wird. Nach Vatter würde diese Beschreibung am ehesten der Delta-Rolle entsprechen. Demnach handelt es sich um die Arbeiter des Teams, deren Fokus auf Sicherheit und Zugehörigkeit steht.

Cluster 1 und Cluster 3 stimmen in vielen Fähigkeiten und Eigenschaften überein. Cluster 1 tritt dabei innerhalb der Gruppe beliebter und angesehener auf. Die Beschreibung könnte einer Beta-Position nach Schindler entsprechen. Die Beta-Position macht

[204] Vgl. Kapitel 2.3.4.1 dieser Arbeit.
[205] Vgl. Kapitel 2.3.4.3 dieser Arbeit.
[206] Vgl. Kapitel 2.5.2 dieser Arbeit.
[207] Vgl. Kapitel 2.5.1 dieser Arbeit.

zwar keinen Führungsanspruch geltend, dies bedeutet jedoch nicht, dass gleichermaßen kein Führungsanspruch oder kein Interesse zur Führung vorliegt. Beide Cluster verfügen über einen überdurchschnittlichen Führungsanspruch, der lediglich von Cluster 3 übertroffen wird. Die Beschreibung stimmt mit der Charakterisierung einer Beta-Rolle nach Vatter überein. Demnach passt Cluster 1 am ehesten zu den Ausführungen beider Autoren. Dies scheint insbesondere hinsichtlich der Beliebtheit der Personen des ersten Clusters im Team zutreffend zu sein. Cluster 3 lässt einige Fragen im Abgleich offen. Möglicherweise könnte eine Art Beta-Position vorliegen, die jedoch in sozialer Hinsicht bisweilen weniger erfolgreich in Erscheinung tritt, wie dies bei Cluster 1 erfolgt. Auch könnte eine versteckte Omega-Rolle nach Vatter zutreffend beschrieben werden. Es besteht ein Führungsanspruch, Personen dieses Clusters sind eher risikoaffin und zeigen einen überdurchschnittlichen Drang nach Fortschritt. Gleichzeitig kommen Personen dieses Clusters eher schlecht mit anderen Leuten aus und sind sowohl im Team als auch bei der Teamführung vergleichsweise unbeliebt.

Im Abgleich der Cluster mit beschriebenen Modellen besteht jedoch ein nicht zu unterschätzender Interpretationsspielraum aufgrund der eindimensionalen Betrachtung anhand der Ergebnisse der Selbsteinschätzung. Eine Überprüfung und Zuordnung sind ohne empirische Belege jedoch nicht möglich. Die Ergebnisse einer Selbsteinschätzung scheinen unzureichend. Im Folgenden sollen daher die Limitationen der vorliegenden Arbeit beschrieben werden. Diese sollen dazu beitragen, Verbesserungspotentiale für nachfolgende Arbeiten darzulegen.

6.3 Zusammenfassende Bewertung und Limitationen

6.3.1 Größe und Demografie der Stichprobe

Limitationen dieser Untersuchung betreffen zunächst die Anzahl der Teilnehmer. Mit N=131 Teilnehmern verfügt die vorliegende Arbeit zwar über eine scheinbar ausreichende Anzahl an Probanden, es wäre jedoch wünschenswert gewesen, eine deutlich größere Teilnehmerzahl zu erreichen. Es ist nicht auszuschließen, dass bei einer größeren Anzahl der Studienteilnehmer ein signifikanter Unterschied bei mehr als vier Clustern erreichbar gewesen wäre.

Gleichzeitig ist die demografische Verteilung der Teilnehmer in der vorliegenden Stichprobe keinesfalls repräsentativ. Der Fragebogen wurde primär im Arbeits-, Studien- und sozialen Umfeld des Autors geteilt. Das Geschlechterverhältnis spiegelt nicht den bundesweiten Durchschnitt wider. Noch auffälliger und einschneidender sind die Verteilungen der beruflichen Qualifikation und Führungserfahrung innerhalb der Stichprobe. Der Anteil der Probanden mit akademischem Abschluss liegt mit 63

% weit über dem Anteil der Beschäftigten in Deutschland, die über einen akademischen Abschluss verfügen (18 %). Gleichermaßen sind viele Probanden mit erheblicher Führungserfahrung in der Stichprobe vertreten. Der Anteil der Personen mit Erfahrung in Führungstätigkeiten (56 %) ist für den Anspruch einer repräsentativen Umfrage ebenfalls deutlich überproportional vertreten. Es ist damit nicht auszuschließen, dass ein Zusammenhang zwischen bestimmten demografischen Daten und der Tendenz zu einer Position innerhalb einer Gruppensituation besteht. Somit wäre es denkbar, dass Personen mit Tendenzen zu bestimmten Positionen in der Stichprobe unterrepräsentiert waren, wodurch diese Positionen nicht erkannt werden konnten.

Künftige Arbeiten sollten hier auf eine ausgeglichenere Verteilung der Probanden hinsichtlich ihrer demografischen Daten achten. Lohnend wäre möglicherweise eine regelmäßige Prüfung der Verteilung noch während der Datenerhebung. Hinzu kommt der beschriebene Bedarf für eine größere Teilnehmerzahl und eine eingehende Untersuchung der Zusammenhänge von Ausprägungen im Bereich der Persönlichkeitseigenschaften bzw. Verhaltensweisen und den demografischen Daten der Probanden.

6.3.2 Gestaltung des Fragebogens

Hinsichtlich des Fragebogens sind insbesondere Verbesserungsmöglichkeiten im Bereich der demografischen Daten aufgefallen. So soll für nachfolgende Arbeiten empfohlen werden, die Abfrage des Alters in absoluten Zahlen durchzuführen. Nur so kann später mit absoluten Zahlen gerechnet werden und explizite Aussagen über den Zusammenhang der Altersstruktur und den jeweiligen Clustern bzw. Positionen getroffen werden. Genauso sollte die Abfrage der Führungserfahrung und Führungstätigkeit überarbeitet werden. Das vorliegende Design der Befragung erlaubt leider keine Differenzierung dahingehend, ob ein Proband aktuell in einer Führungsposition tätig ist oder dies früher einmal war. Diese Unterscheidung scheint für die nähere Betrachtung und detaillierte qualitative Analyse der Cluster notwendig. Ebenso sollte die Dauer der Führungstätigkeit analog zur Abfrage des Alters in absoluten Zahlen abgefragt werden.

Hinsichtlich der Verwendung des Fragenbogens, bezogen auf die Abfrage der Persönlichkeitseigenschaften und Verhaltensweisen, sind im Zuge der Arbeit keine besonderen Limitationen aufgefallen. Eine Bewertung des Fragebogens fällt aufgrund fehlender Referenzwerte und Vergleichbarkeiten schwer. Hilfreich erscheint in diesem Zusammenhang die Erweiterung der Methodik um eine weitere Dimension der Einschätzung von Probanden, die unter 6.3.3 eingehender ausgeführt wird.

6.3.3 Methodik der Selbsteinschätzung

Die Methodik der Selbsteinschätzung hat seine Limitation in der qualitativen Bewertung der Persönlichkeitseigenschaften und Verhaltensweisen der Probanden. Die Beantwortung des Fragebogens erfolgte anonym, ohne jegliches steuerndes Eingreifen und in Bezug auf eine unbekannte Teamsituation des Probanden. Die tatsächliche Bewertung der Skala erfolgt nach bestem Wissen und Gewissen des jeweiligen Teilnehmers. Eine Nachvollziehbarkeit oder Überprüfung ist durch diese Methodik nicht gegeben. Für zukünftige Untersuchungen wird daher empfohlen, die Methodik, um eine weitere Dimension zu erweitern. Diese weitere Dimension kann beispielsweise durch eine parallele Fremdeinschätzung erreicht werden. Ideal erscheint es im Zuge einer Teamsituation das Handeln der Probanden eingehend zu beobachten und basierend auf dem Verhalten während der Gruppensituation eine Fremdeinschätzung vorzunehmen. Der Proband kann im Anschluss an die Teamsituation den Selbsteinschätzungsbogen ausfüllen. Somit entsteht die Möglichkeit einer Überprüfung der Fremd- und Selbsteinschätzung sowie gleichzeitig einer Kontrolle der Teamsituation.

7 Fazit und Ausblick

Tajfel et al. führten 1971 einen Versuch durch, bei dem sie Schüler im Alter von 14 bis 15 Jahren in zwei verschiedene Gruppen anhand der angeblichen Präferenzen für Maler einteilten. Jedem Schüler wurden zwei abstrakte Bilder von Klee und Kandinsky gezeigt, die ohne Bildsignatur nicht klar unterscheidbar waren. Je nach Präferenz des Schülers wurde diesem mitgeteilt, er gehöre zur Klee- bzw. zur Kandinsky-Gruppe. Tatsächlich erfolgte die Zuteilung nach dem Zufallsprinzip. Jeder Schüler wurde später gebeten, einen kleinen Geldbetrag an jeweils eine Person der angeblichen Eigen- und der Fremdgruppe zu geben. Weder hatten die Schüler Informationen über Personen der anderen Gruppe, noch gab es Interaktionen zwischen den Schülern. Es gab keinerlei rationale Verbindung zwischen der Gruppe und der Zuteilung des Geldbetrages. Ein Vorteil durch die Verteilung des Geldes an die eigene Gruppe war explizit ausgeschlossen. Dennoch reichte die angebliche Zugehörigkeit einer sogar unbekannten Gruppe aus, die Mitglieder der eigenen Gruppe gegenüber der Fremdgruppe zu bevorzugen.[208]

Die Zugehörigkeit zu Gruppen ist in der menschlichen Existenz allgegenwärtig und selbstverständlich. Menschen definieren sich in ihrer sozialen Identität auf der Basis von Gruppenzugehörigkeiten.[209] Die Untersuchung der Dynamik in diesen Gruppen ist zeitlos und vor dem Hintergrund von gesellschaftlichen Veränderungen sowie dem technologischen Fortschritt laufend relevant. Wie in dieser Arbeit gezeigt wurde, existiert eine lange Geschichte der Erforschung und Untersuchung des Themenbereichs rund um Gruppen. Ein Aufleben dieser Forschungsbemühungen wäre wünschenswert.

In der vorliegenden Arbeit wurde die Geschichte der Gruppendynamik umfangreich beschrieben. Auch wurde ein Versuch vorgenommen, die Positionen im gruppendynamischen Raum empirisch belegbar zu machen. Einen Anspruch auf Vollständigkeit kann diese Arbeit dabei jedoch nicht geltend machen. Mit der Erstellung des Fragebogens und der Austestung der Methode wurde ein Grundstein für weitere Arbeiten gelegt. Die Vorschläge zur Verbesserung der Vorgehensweise sollen helfen die Methodik weiter zu verbessern.

Wie gezeigt wurde, müssen darauf aufbauend nachfolgende Arbeiten die Forschung weiterentwickeln. Insbesondere die mehrdimensionale Betrachtung von Probanden in einer Gruppensituation erscheint lohnend. Parallel zur vorliegenden Arbeit beschäftigt sich eine weitere Arbeit zeitgleich mit der Methodik der Fremdeinschätzung von

[208] Vgl. Tajfel et al., 1971, S. 163ff.
[209] Vgl. Stürmer/Siem, 2013, S. 16.

Personen in gruppendynamischen Planspielen. Eine Verbindung der beiden Ansätze zu einer Methodik gilt es für weitere Ausführungen zu avisieren.

Eine sichere Vorgehensweise zur eindeutigen Identifizierung von gruppendynamischen Positionen würde einen wichtigen Schritt für weitere Untersuchungen darstellen. Darauf aufbauend könnten weitere Anstrengungen vorgenommen werden, um auf die Effizienz und den Erfolg von Gruppen abzuzielen. Wenn es möglich sein sollte die Leistung von Gruppen anhand der besetzen gruppendynamischen Positionen zu bewerten, könnte ein Bild der idealen Gruppenbesetzung skizziert werden.

Ebenso gilt es in weiteren Arbeiten den Einfluss von demografischen Faktoren auf die Position in Gruppen eingehend zu untersuchen. Der Einfluss von Macht und Geschlechtern auf die Führung von Gruppen ist teils in der Literatur beschrieben.[210] Eine genauere Betrachtung in Hinblick auf die Tendenz zu Positionen in Gruppen erscheint ebenfalls lohnend. Darüber hinaus sind Überlegungen zu archaischen Reaktionsmustern für das Verständnis von Gruppenbildungsprozessen und Dynamiken in Gruppen notwendig. Das überarbeitete Rangdynamik Modell von Vatter basiert bereits auf diesen Überlegungen. Eine empirische Verifizierung der Annahmen steht bislang noch aus und bietet Raum für weitere Arbeiten.

Weitere Arbeiten aus dem Themenbereich der Gruppendynamik und informellen Hierarchie werden folgen. Die vorliegen Arbeit stellt einen Startschuss für die Arbeit von nachfolgenden Kommilitonen dar. An Substanz und Relevanz mangelt es der Thematik sicherlich nicht.

Die vorliegende Arbeit soll mit einem Zitat von Traugott Lindner, einem der europäischen Pioniere der Gruppendynamik, geschlossen werden. Treffender ist das Phänomen der Gruppendynamik aus Sicht des Autors nicht beschreibbar:

„Gruppendynamik kann man nicht einfach erzählen, das muss man erleben und ich hab‘ dann den blöden Vergleich gehabt. Du kannst ein Wiener Schnitzel in allen Details exakt beschreiben, was es ist kannst du nur [wissen] wenn du’s gegessen hast.“[211]

[210] Vgl. Osterchrist/Perger, 2001; Schwarz, 1977.
[211] Traugott Lindner in einer Videobotschaft für Gerhard Schwarz (vgl. Lindner, 2012).

Anhang

Anhang A – Variablen-Übersicht

Tabelle 23: Variablen der Rubrik SD (Ausprägungen siehe Anhang B)

ID	Item
SD02	Alter
SD03	Geschlecht
SD04	Berufliche Qualifikation
SD05	Aktuelles Berufsverhältnis
SD06	Beschäftigungsjahre insgesamt
SD07	Sind Sie oder waren Sie in Ihrer beruflichen Tätigkeit in einer Führungs-position tätig?
SD08	Dauer der Tätigkeit in einer Führungsposition

Quelle: Eigene Darstellung

Tabelle 24: Variablen der Rubrik SE

ID	Item	Score [Ausprägung] Stimme überhaupt nicht zu						Stimme voll und ganz zu
SE01	In unserem Team herrscht ein Gefühl von Sicherheit und Vertrauen	[1]	[2]	[3]	[4]	[5]	[6]	[7]
SE02	Wir haben ein gemeinsames Ziel	[1]	[2]	[3]	[4]	[5]	[6]	[7]
SE03	Wir unterstützen uns gegenseitig zur Erfüllung unserer Aufgabe	[1]	[2]	[3]	[4]	[5]	[6]	[7]
SE04	Wir lösen Konflikte innerhalb des Teams stets konstruktiv	[1]	[2]	[3]	[4]	[5]	[6]	[7]
SE05	In unserem Team gab/gibt es Konflikte um die Führungsposition	[1]	[2]	[3]	[4]	[5]	[6]	[7]
SE06	In unserem Team ist klar wer die Führungsposition inne hat	[1]	[2]	[3]	[4]	[5]	[6]	[7]
SE07	Jeder kann seine Ideen gleichberechtigt einbringen	[1]	[2]	[3]	[4]	[5]	[6]	[7]
SE08	In unserem Team wird mit Kritik offen umgegangen	[1]	[2]	[3]	[4]	[5]	[6]	[7]
SE09	Jeder hat unabhängig seiner Position im Team alle notwendigen Informationen und Ressourcen erhalten	[1]	[2]	[3]	[4]	[5]	[6]	[7]
SE10	Die Arbeit in unserem Team ist harmonisch	[1]	[2]	[3]	[4]	[5]	[6]	[7]

Quelle: Eigene Darstellung

Tabelle 25: Variablen der Rubrik AU (Ausprägungen analog zu Rubrik SE)

ID	Item
AU01	Mir ist es wichtig meine eigenen Ideen durchzusetzen.
AU02	Meine eigenen Ideen tragen sehr zur Zielerreichung des Teams bei.
AU03	Ich übernehme gerne die Führung in einer Gruppe.
AU04	Wenn möglich vermeide ich Konflikte.
AU05	Es fällt mir leicht Entscheidungen zu treffen.
AU06	Eine starke Führungsperson ist wichtiger für den Fortschritt der Teamarbeit als die harmonische Zusammenarbeit aller Gruppenmitglieder.
AU07	Ich bin entschlossen Ziele um jeden Preis zu erreichen.
AU08	Ich tendiere dazu Arbeit zu delegieren, die ich selbst nicht durchführen möchte.
AU09	Ich bin bereit auch unangenehme Entscheidungen zu treffen.
AU10	Andere Teammitglieder respektieren meine Autorität.
AU11	Es ist mir wichtig besser zu sein als andere.
AU12	Konkurrenzkampf erhöht die Motivation im Team.
AU13	Es gelingt mir Leute zum Lachen zu bringen.
AU14	Durch meine Art stütze ich maßgeblich den Zusammenhalt im Team.
AU15	Meine Meinung hat ein hohes Gewicht im Team.
AU16	Meine Meinung hat ein hohes Gewicht bei der Teamleitung.
AU17	Gute Beziehungen zu anderen im Team sind mir sehr wichtig.
AU18	Ich verstehe mich mit meinem Vorgesetzen gut.
AU19	Ich agiere häufig als Sprachrohr zwischen Teamleitung und Team.
AU20	Oft ist der diplomatische Weg besser, um die eigenen Interessen durchzusetzen.
AU21	Bevor ich meine eigene Meinung äußere, höre ich mir die Ansichten der anderen an.
AU22	Ich kann mit allen Leuten gut auskommen.
AU23	Ich fühle mich den Zielen des Teams verpflichtet.
AU24	Ich passe mich schnell neuen Situationen an.

AU25	Das Team erreicht gemeinsam mehr als jeder Einzelne für sich allein.
AU26	Bei schwierigen Aufgaben trägt mein Fachwissen maßgeblich zum Erfolg bei.
AU27	Für mich ist es schwierig zu arbeiten, wenn die Ziele nicht klar definiert sind.
AU28	Stabilität im Team empfinde ich als sehr wichtig.
AU29	Die Arbeit funktioniert am besten, wenn sich alle an die Regeln halten.
AU30	Meetings sollten einer klaren Agenda folgen.
AU31	Hin und wieder gerate ich mit meinen Vorgesetzten in Konflikt.
AU32	Gegenüber Personen, die den Fortschritt verlangsamen, trete ich ungeduldig auf.
AU33	Ich prüfe Dinge lieber doppelt, bevor ich ein Risiko eingehe.
AU34	Ich bin bereit unpopuläre Ansichten gegen andere in meinem Team zu vertreten.
AU35	Auch ungewöhnliche Ideen sollten diskutiert werden.
AU36	Auch die Schwachen in der Gruppe sollten mitgetragen werden.
AU37	Wer immer das Gleiche tut, darf sich nicht wundern, wenn sich nichts ändert.
AU38	Ich fühle mich nicht als vollwertiger Teil des Teams.
AU39	Ich zögere meine Gedanken zu äußern, wenn sie entgegen der herrschenden Meinung sind.
AU40	Ich überlasse Diskussionen gerne anderen.
AU41	Andere Teammitglieder fragen mich häufig nach meiner Meinung.
AU42	In der Führungsposition fühle ich mich unwohl.

Quelle: Eigene Darstellung

Anhang B – Onlinefragebogen

Abbildung 17: Seite 1 des Online-Fragebogens

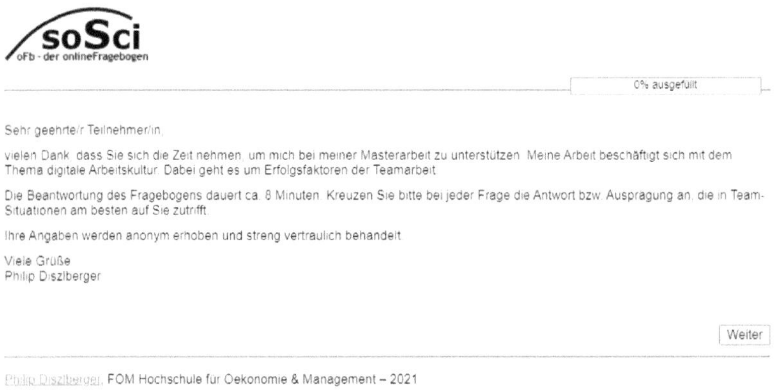

Quelle: Eigene Darstellung

Abbildung 18: Seite 2 des Online-Fragebogens

soSci
oFb - der onlineFragebogen

17% ausgefüllt

Persönliche Angaben

Bitte geben Sie nachfolgend einige Informationen zu Ihrer Person an.

Alter

- ○ 0 bis 19 Jahre
- ○ 20 bis 29 Jahre
- ○ 30 bis 39 Jahre
- ○ 40 bis 49 Jahre
- ○ 50 bis 59 Jahre
- ○ 60 Jahre oder älter

Geschlecht

- ○ weiblich
- ○ männlich
- ○ divers

Berufliche Qualifikation

- ○ Kein Abschluss
- ○ Qualifizierter Abschluss
- ○ Mittlere Reife
- ○ (Fach-)Abitur
- ○ Studium
- ○ Promotion

Quelle: Eigene Darstellung

Abbildung 19: Seite 3 des Online-Fragebogens

Aktuelles Berufsverhältnis

- ○ Angestellte/r
- ○ Beamte/r
- ○ In Ausbildung
- ○ Renter/in
- ○ Schüler/in
- ○ Selbstständig
- ○ Student/in
- ○ Arbeitslos/Arbeit suchend

Beschäftigungsjahre insgesamt

- ○ 0-1 Jahr
- ○ 2-5 Jahre
- ○ 6-10 Jahre
- ○ > 10 Jahre

Sind Sie oder waren Sie in Ihrer beruflichen Tätigkeit in einer Führungsposition tätig?

- ○ Ja
- ○ Nein

Dauer der Tätigkeit in einer Führungsposition

- ○ Keine Tätigkeit in einer Führungsposition
- ○ 0-1 Jahr
- ○ 2-5 Jahre
- ○ 6-10 Jahre
- ○ > 10 Jahre

Weiter

Philip Diszberger, FOM Hochschule für Oekonomie & Management – 2021

Quelle: Eigene Darstellung

Abbildung 20: Seite 4 des Online-Fragebogens

soSci
oFb - der onlineFragebogen

33% ausgefüllt

Kreuzen Sie bitte bei jeder Frage die Antwort an, die am besten auf Sie zutrifft.
Denken Sie dabei bitte an ein Team, in dem Sie aktuell oder kürzlich eingebunden waren.

	Stimme überhaupt nicht zu						Stimme voll und ganz zu
In unserem Team herrscht ein Gefühl von Sicherheit und Vertrauen	○	○	○	○	○	○	○
Wir haben ein gemeinsames Ziel	○	○	○	○	○	○	○
Wir unterstützen uns gegenseitig zur Erfüllung unserer Aufgabe	○	○	○	○	○	○	○
Wir lösen Konflikte innerhalb des Teams stets konstruktiv	○	○	○	○	○	○	○
In unserem Team gab/gibt es Konflikte um die Führungsposition	○	○	○	○	○	○	○
In unserem Team ist klar wer die Führungsposition inne hat	○	○	○	○	○	○	○
Jeder kann seine Ideen gleichberechtigt einbringen	○	○	○	○	○	○	○
In unserem Team wird mit Kritik offen umgegangen	○	○	○	○	○	○	○
Jeder hat unabhängig seiner Position im Team alle notwendigen Informationen und Ressourcen erhalten	○	○	○	○	○	○	○
Die Arbeit in unserem Team ist harmonisch	○	○	○	○	○	○	○

Weiter

Philip Diszlberger, FOM Hochschule für Oekonomie & Management – 2021

Quelle: Eigene Darstellung

Abbildung 21: Seite 5 des Online-Fragebogens

soSci
oFb · der onlineFragebogen

50% ausgefüllt

Kreuzen Sie bitte bei jeder Frage die Antwort an, die am besten auf Sie zutrifft.
Denken Sie dabei bitte an ein Team, in dem Sie aktuell oder kürzlich eingebunden waren.

	Stimme überhaupt nicht zu						Stimme voll und ganz zu
Es gelingt mir Leute zum Lachen zu bringen	○	○	○	○	○	○	○
Eine starke Führungsperson ist wichtiger für den Fortschritt der Teamarbeit als die harmonische Zusammenarbeit aller Gruppenmitglieder	○	○	○	○	○	○	○
Ich übernehme gerne die Führung in einer Gruppe	○	○	○	○	○	○	○
Ich tendiere dazu Arbeit zu delegieren, die ich selbst nicht durchführen möchte	○	○	○	○	○	○	○
Mir ist es wichtig meine eigenen Ideen durchzusetzen	○	○	○	○	○	○	○
Andere Teammitglieder respektieren meine Autorität	○	○	○	○	○	○	○
Durch meine Art stütze ich maßgeblich den Zusammenhalt im Team	○	○	○	○	○	○	○
Wenn möglich vermeide ich Konflikte	○	○	○	○	○	○	○
Meine eigenen Ideen tragen sehr zur Zielerreichung des Teams bei	○	○	○	○	○	○	○
Ich bin bereit auch unangenehme Entscheidungen zu treffen	○	○	○	○	○	○	○
Ich bin entschlossen Ziele um jeden Preis zu erreichen	○	○	○	○	○	○	○
Es ist mir wichtig besser zu sein als andere	○	○	○	○	○	○	○
Konkurrenzkampf erhöht die Motivation im Team	○	○	○	○	○	○	○
Meine Meinung hat ein hohes Gewicht im Team	○	○	○	○	○	○	○
Es fällt mir leicht Entscheidungen zu treffen	○	○	○	○	○	○	○

Weiter

Philip Diszlberger, FOM Hochschule für Oekonomie & Management – 2021

Quelle: Eigene Darstellung

Abbildung 22: Seite 6 des Online-Fragebogens

soSci
oFb - der onlineFragebogen

Kreuzen Sie bitte bei jeder Frage die Antwort an, die am besten auf Sie zutrifft.
Denken Sie dabei bitte an ein Team, in dem Sie aktuell oder kürzlich eingebunden waren.

	Stimme überhaupt nicht zu						Stimme voll und ganz zu
Für mich ist es schwierig zu arbeiten, wenn die Ziele nicht klar definiert sind	○	○	○	○	○	○	○
Ich verstehe mich mit meinem Vorgesetzen gut	○	○	○	○	○	○	○
Oft ist der diplomatische Weg besser, um die eigenen Interessen durchzusetzen	○	○	○	○	○	○	○
Bei schwierigen Aufgaben trägt mein Fachwissen maßgeblich zum Erfolg bei	○	○	○	○	○	○	○
Meine Meinung hat ein hohes Gewicht bei der Teamleitung	○	○	○	○	○	○	○
Ich passe mich schnell neuen Situationen an	○	○	○	○	○	○	○
Meetings sollten einer klaren Agenda folgen	○	○	○	○	○	○	○
Die Arbeit funktioniert am besten, wenn sich alle an die Regeln halten	○	○	○	○	○	○	○
Bevor ich meine eigene Meinung äußere, höre ich mir die Ansichten der anderen an	○	○	○	○	○	○	○
Das Team erreicht gemeinsam mehr als jeder Einzelne für sich allein	○	○	○	○	○	○	○
Stabilität im Team empfinde ich als sehr wichtig	○	○	○	○	○	○	○
Ich fühle mich den Zielen des Teams verpflichtet	○	○	○	○	○	○	○
Gute Beziehungen zu anderen im Team sind mir sehr wichtig	○	○	○	○	○	○	○
Ich agiere häufig als Sprachrohr zwischen Teamleitung und Team	○	○	○	○	○	○	○
Ich kann mit allen Leuten gut auskommen	○	○	○	○	○	○	○

Weiter

Philip Diszlberger, FOM Hochschule für Oekonomie & Management – 2021

Quelle: Eigene Darstellung

Abbildung 23: Seite 7 des Online-Fragebogens

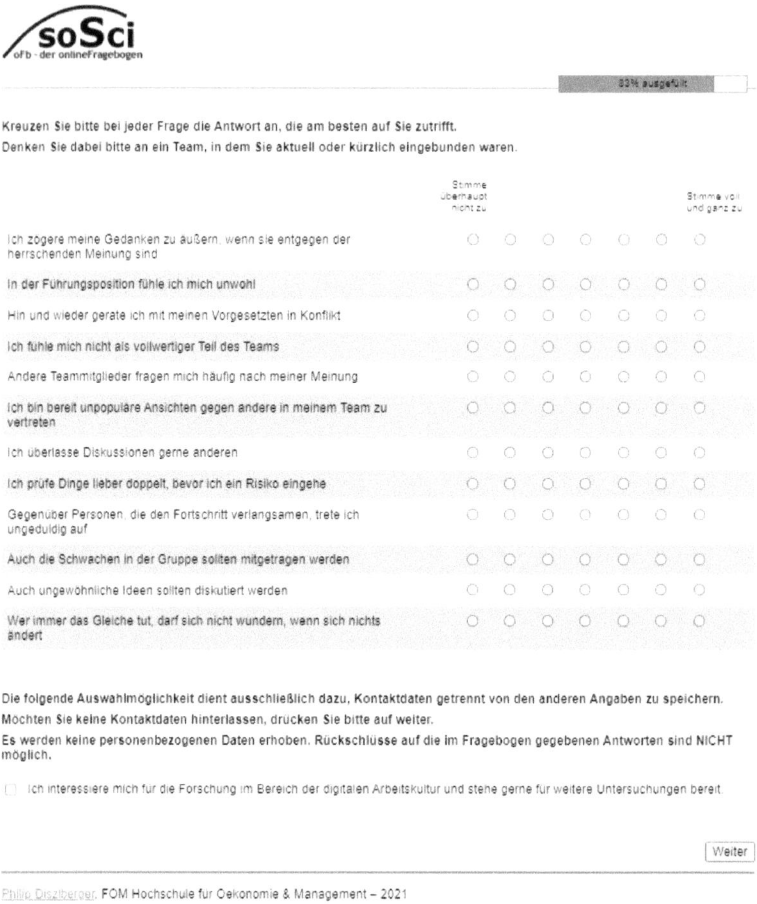
soSci
oFb - der onlineFragebogen

83% ausgefüllt

Kreuzen Sie bitte bei jeder Frage die Antwort an, die am besten auf Sie zutrifft.
Denken Sie dabei bitte an ein Team, in dem Sie aktuell oder kürzlich eingebunden waren.

	Stimme überhaupt nicht zu						Stimme voll und ganz zu
Ich zögere meine Gedanken zu äußern, wenn sie entgegen der herrschenden Meinung sind	○	○	○	○	○	○	○
In der Führungsposition fühle ich mich unwohl	○	○	○	○	○	○	○
Hin und wieder gerate ich mit meinen Vorgesetzten in Konflikt	○	○	○	○	○	○	○
Ich fühle mich nicht als vollwertiger Teil des Teams	○	○	○	○	○	○	○
Andere Teammitglieder fragen mich häufig nach meiner Meinung	○	○	○	○	○	○	○
Ich bin bereit unpopuläre Ansichten gegen andere in meinem Team zu vertreten	○	○	○	○	○	○	○
Ich überlasse Diskussionen gerne anderen	○	○	○	○	○	○	○
Ich prüfe Dinge lieber doppelt, bevor ich ein Risiko eingehe	○	○	○	○	○	○	○
Gegenüber Personen, die den Fortschritt verlangsamen, trete ich ungeduldig auf	○	○	○	○	○	○	○
Auch die Schwachen in der Gruppe sollten mitgetragen werden	○	○	○	○	○	○	○
Auch ungewöhnliche Ideen sollten diskutiert werden	○	○	○	○	○	○	○
Wer immer das Gleiche tut, darf sich nicht wundern, wenn sich nichts ändert	○	○	○	○	○	○	○

Die folgende Auswahlmöglichkeit dient ausschließlich dazu, Kontaktdaten getrennt von den anderen Angaben zu speichern.
Möchten Sie keine Kontaktdaten hinterlassen, drücken Sie bitte auf weiter.
Es werden keine personenbezogenen Daten erhoben. Rückschlüsse auf die im Fragebogen gegebenen Antworten sind NICHT möglich.

☐ Ich interessiere mich für die Forschung im Bereich der digitalen Arbeitskultur und stehe gerne für weitere Untersuchungen bereit.

Weiter

Philip Disztberger, FOM Hochschule für Oekonomie & Management – 2021

Quelle: Eigene Darstellung

Abbildung 24: Seite 8 des Online-Fragebogens

soSci
oFb - der onlineFragebogen

Vielen Dank für Ihre Teilnahme!

Wir möchten uns ganz herzlich für Ihre Mithilfe bedanken.

Ihre Antworten wurden gespeichert. Sie können das Browser-Fenster nun schließen.

Philip Diszlberger, FOM Hochschule für Oekonomie & Management – 2021

Quelle: Eigene Darstellung

Anhang C – Dendrogramm

Abbildung 25: Dendrogramm der Clusteranalyse

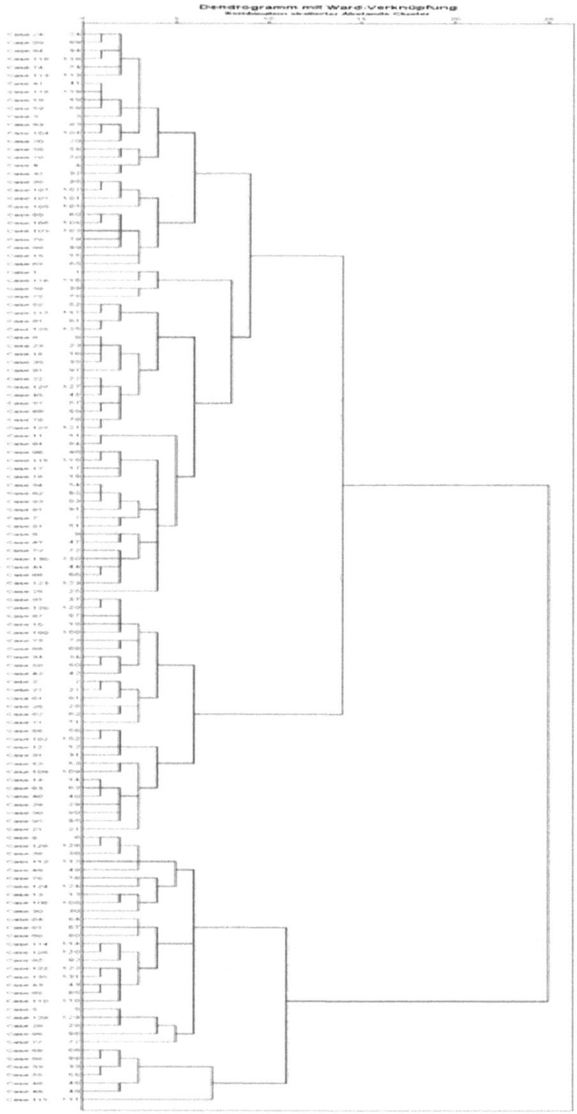

Quelle: Eigene Darstellung

Anhang D – Details der Ausprägungen für Lösung mit fünf Clustern

Tabelle 26: Deskriptive Statistik für die Items AU01 bis AU19

Ward Method			AU01	AU02	AU03	AU04	AU05	AU06	AU07	AU08	AU09	AU10	AU11	AU12	AU13	AU14	AU15	AU16	AU17	AU18	AU19
1	N	Gültig	40	40	40	40	40	40	40	40	40	40	40	40	40	40	40	40	40	40	40
	Mittelwert		4,03	5,73	5,45	4,10	5,63	2,93	3,23	3,75	5,68	5,83	3,43	2,45	6,25	5,93	5,90	5,93	6,05	6,30	5,60
	Median		4,00	6,00	6,00	4,50	6,00	3,00	3,00	4,00	6,00	6,00	3,00	2,00	6,00	6,00	6,00	6,00	6,00	6,00	6,00
	Std.-		1,493	0,784	1,154	2,023	1,055	1,542	1,577	1,736	1,185	0,675	1,824	1,358	0,776	0,797	0,632	0,797	0,846	0,823	1,215
	Minimum		1	4	2	1	3	1	1	1	2	4	1	1	4	4	5	4	4	3	2
	Maximum		7	7	7	7	7	6	7	7	7	7	7	6	7	7	7	7	7	7	7
2	N	Gültig	29	29	29	29	29	29	29	29	29	29	29	29	29	29	29	29	29	29	29
	Mittelwert		4,97	5,90	6,17	4,21	6,55	3,55	4,34	3,93	6,38	6,24	4,17	3,79	6,10	6,34	5,93	6,52	6,41	6,69	5,52
	Median		5,00	6,00	6,00	4,00	7,00	3,00	5,00	4,00	6,00	6,00	4,00	4,00	6,00	7,00	6,00	7,00	7,00	7,00	6,00
	Std.-		1,546	0,976	1,002	1,953	0,736	1,993	1,951	1,668	0,622	0,739	1,853	2,059	0,817	0,814	0,923	0,738	0,733	0,712	1,455
	Minimum		1	4	4	1	4	1	1	1	5	4	1	1	4	4	4	4	5	4	1
	Maximum		7	7	7	7	7	7	7	7	7	7	7	7	7	7	7	7	7	7	7
3	N	Gültig	29	29	29	29	29	29	29	29	29	29	29	29	29	29	29	29	29	29	29
	Mittelwert		4,62	5,03	5,48	4,72	5,24	3,48	4,07	3,48	5,03	5,31	4,03	3,38	5,59	5,34	4,83	4,83	5,97	5,17	4,69
	Median		5,00	5,00	6,00	5,00	5,00	4,00	4,00	3,00	5,00	5,00	4,00	3,00	6,00	5,00	5,00	5,00	6,00	6,00	5,00
	Std.-		1,208	0,778	0,871	1,306	1,185	1,805	1,486	1,479	0,944	0,761	1,239	1,347	1,086	0,897	1,037	1,104	0,731	1,583	1,442
	Minimum		1	2	4	2	2	1	1	1	3	4	1	1	2	4	3	1	5	1	1
	Maximum		6	6	7	7	7	7	6	6	7	7	6	6	7	7	6	7	7	7	7
4	N	Gültig	26	26	26	26	26	26	26	26	26	26	26	26	26	26	26	26	26	26	26
	Mittelwert		4,31	4,81	3,54	5,96	3,65	2,73	3,38	2,65	4,00	5,27	2,46	1,96	5,73	5,42	4,77	5,04	6,27	6,19	2,88
	Median		4,00	5,00	4,00	7,00	3,50	2,00	3,50	2,00	4,00	5,00	2,00	1,50	6,00	5,00	5,00	5,00	7,00	6,50	3,00
	Std.-		1,225	1,201	1,902	1,455	1,719	1,564	1,813	1,672	1,720	1,282	1,881	1,216	1,185	1,065	1,210	1,113	1,185	0,939	1,451
	Minimum		1	1	1	2	1	1	1	1	1	1	1	1	2	4	1	3	2	4	1
	Maximum		7	7	7	7	7	7	7	7	7	7	7	5	7	7	7	7	7	7	6
5	N	Gültig	7	7	7	7	7	7	7	7	7	7	7	7	7	7	7	7	7	7	7
	Mittelwert		4,43	3,71	3,71	4,86	4,29	3,43	3,71	2,14	4,29	4,14	4,57	2,57	3,86	3,71	3,86	3,43	4,00	4,14	3,14
	Median		4,00	4,00	4,00	5,00	4,00	4,00	5,00	2,00	4,00	4,00	4,00	3,00	4,00	4,00	4,00	3,00	4,00	4,00	3,00
	Std.-		0,976	1,254	1,113	1,574	0,951	1,512	1,704	1,215	1,496	0,900	1,512	1,272	1,464	0,756	0,690	1,397	1,633	1,773	1,464
	Minimum		3	2	2	3	3	1	1	1	3	3	3	1	1	3	3	1	1	1	1
	Maximum		6	6	5	7	6	5	5	4	7	6	7	4	5	5	5	5	6	6	5

Quelle: Eigene Darstellung

Tabelle 27: Deskriptive Statistik für die Items AU20 bis AU42

AU20	AU21	AU22	AU23	AU24	AU25	AU26	AU27	AU28	AU29	AU30	AU31	AU32	AU33	AU34	AU35	AU36	AU37	AU38	AU39	AU40	AU41	AU42
40	40	40	40	40	40	40	40	40	40	40	40	40	40	40	40	40	40	40	40	40	40	40
5,48	4,98	6,10	5,80	6,23	6,38	5,50	4,60	5,98	5,10	5,60	3,65	4,55	4,70	5,60	6,10	4,93	6,23	1,78	3,13	3,68	5,75	2,15
6,00	5,00	6,00	6,00	6,00	7,00	6,00	5,00	6,00	5,00	6,00	3,50	4,00	5,00	6,00	6,00	5,00	7,00	1,00	3,00	4,00	6,00	2,00
1,432	1,476	0,955	0,723	0,733	1,125	0,934	1,837	1,291	1,429	1,150	1,916	1,395	1,436	1,008	0,841	1,207	1,000	1,732	1,572	1,509	0,742	1,122
1	1	3	4	4	1	3	1	2	2	2	1	1	1	3	4	3	4	1	1	1	4	1
7	7	7	7	7	7	7	7	7	7	7	7	7	7	7	7	7	7	7	6	7	7	5
29	29	29	29	29	29	29	29	29	29	29	29	29	29	29	29	29	29	29	29	29	29	29
6,03	5,52	5,93	6,52	6,34	6,86	6,41	5,66	6,69	6,31	6,41	3,69	5,41	4,90	6,14	6,62	6,07	6,69	2,93	2,48	2,14	6,38	2,14
6,00	6,00	6,00	7,00	7,00	7,00	6,00	6,00	7,00	6,00	7,00	4,00	5,00	5,00	6,00	7,00	6,00	7,00	1,00	2,00	2,00	6,00	1,00
1,149	1,153	1,067	0,634	0,814	0,441	0,628	1,653	0,660	0,761	0,983	1,966	1,211	1,633	1,156	0,677	1,033	0,660	2,685	1,825	1,407	0,677	1,706
3	3	3	5	5	5	5	2	4	4	4	1	3	1	2	5	3	4	1	1	1	5	1
7	7	7	7	7	7	7	7	7	7	7	7	7	7	7	7	7	7	7	7	5	7	6
29	29	29	29	29	29	29	29	29	29	29	29	29	29	29	29	29	29	29	29	29	29	29
5,83	4,72	4,93	5,72	5,62	6,28	5,62	5,62	6,03	5,69	6,07	3,59	5,03	4,86	5,03	6,07	5,59	6,17	2,83	3,69	3,00	5,34	2,55
6,00	5,00	5,00	6,00	6,00	6,00	6,00	6,00	6,00	6,00	6,00	4,00	6,00	5,00	5,00	6,00	6,00	6,00	2,00	4,00	2,00	6,00	2,00
0,805	1,386	1,033	0,797	0,820	1,032	0,622	1,321	0,626	0,850	0,923	1,763	1,523	1,093	1,349	0,593	1,086	0,805	1,853	1,561	1,558	0,936	1,325
4	1	3	4	4	2	5	2	5	4	4	1	2	2	2	5	3	4	1	1	1	3	1
7	7	6	7	7	7	7	7	7	7	7	6	7	7	7	7	7	7	7	7	6	7	6
26	26	26	26	26	26	26	26	26	26	26	26	26	26	26	26	26	26	26	26	26	26	26
4,92	5,15	5,73	5,65	5,23	6,31	4,85	5,12	6,42	5,77	5,88	2,73	4,46	5,58	4,50	6,04	5,54	6,31	2,81	3,46	4,04	5,08	4,00
5,00	5,00	6,00	6,00	5,50	7,00	5,00	5,00	7,00	6,00	6,00	2,00	5,00	6,00	4,50	6,00	6,00	6,00	2,00	3,00	4,00	5,00	4,00
1,521	1,317	0,962	0,977	1,306	1,087	0,881	1,395	0,758	1,032	1,107	1,951	1,794	1,391	1,503	0,916	1,726	0,788	2,367	1,838	1,509	1,129	1,855
1	2	4	4	2	2	4	2	5	4	4	1	1	2	1	3	2	4	1	1	1	3	1
7	7	7	7	7	7	7	7	7	7	7	7	7	7	7	7	7	7	7	7	6	7	7
7	7	7	7	7	7	7	7	7	7	7	7	7	7	7	7	7	7	7	7	7	7	7
4,00	4,29	4,57	3,86	5,14	3,86	4,71	5,43	5,14	5,43	5,71	3,43	4,57	4,86	4,29	5,00	4,57	4,57	4,00	4,29	5,29	4,29	4,86
5,00	5,00	5,00	4,00	5,00	4,00	4,00	6,00	5,00	5,00	6,00	3,00	5,00	5,00	4,00	5,00	5,00	4,00	4,00	5,00	5,00	4,00	5,00
1,528	1,113	0,535	1,574	1,069	1,864	1,113	1,134	1,345	0,976	0,951	1,902	0,976	0,690	1,254	0,577	0,976	1,134	1,528	1,799	1,254	1,380	0,900
1	2	4	1	4	1	4	4	3	4	4	1	3	4	2	4	3	3	1	1	3	3	4
5	5	5	6	7	6	7	7	7	7	7	7	6	6	6	6	6	6	6	6	7	7	6

Quelle: Eigene Darstellung

Anhang E – Vergleich der Ausprägungen pro Cluster

Tabelle 28: Ausprägungen der einzelnen Items gruppiert nach Cluster

Mittelwert gesamte Stickprobe	4,4427	5,3206	5,1450	4,6718	5,2824	3,1756	3,7176	3,4275	5,2824	5,6031	3,5954	2,8626	5,8397	5,6718	5,3359	5,5038	6,0458	6,0000	4,7099	5,4885	5,0382
Ausprägung	AU01	AU02	AU03	AU04	AU05	AU06	AU07	AU08	AU09	AU10	AU11	AU12	AU13	AU14	AU15	AU16	AU17	AU18	AU19	AU20	AU21
Cluster 1	-0,42	0,40	0,30	-0,57	0,34	-0,25	-0,49	0,32	0,39	0,22	-0,17	-0,41	0,41	0,25	0,56	0,42	0,00	0,30	0,89	-0,01	-0,06
Cluster 2	0,52	0,58	1,03	-0,46	1,27	0,38	0,63	0,50	1,10	0,64	0,58	0,93	0,26	0,67	0,60	1,01	0,37	0,69	0,81	0,55	0,48
Cluster 3	0,18	-0,29	0,34	0,05	-0,04	0,31	0,35	0,06	-0,25	-0,29	0,44	0,52	-0,25	-0,33	-0,51	-0,68	-0,08	-0,83	-0,02	0,34	-0,31
Cluster 4	-0,14	-0,51	-1,61	1,29	-1,63	-0,44	-0,33	-0,77	-1,28	-0,33	-1,13	-0,90	-0,11	-0,25	-0,57	-0,47	0,22	0,19	-1,83	-0,57	0,12
Cluster 5	-0,01	-1,61	-1,43	0,19	-1,00	0,25	0,00	-1,28	-1,00	-1,46	0,98	-0,29	-1,98	-1,96	-1,48	-2,08	-2,05	-1,86	-1,57	-1,49	-0,75
Max. Mittelwertdifferenz:	0,94	2,18	2,63	1,86	2,90	0,82	1,12	1,79	2,38	2,10	2,11	1,83	2,39	2,63	2,07	3,09	2,41	2,55	2,72	2,03	1,23
Diff 1 und 3	0,60	0,69	0,03	0,62	0,38	0,56	0,84	0,27	0,64	0,51	0,61	0,93	0,66	0,58	1,07	1,10	0,08	1,13	0,91	0,35	0,25
Ranking pro Ausprägung	AU01	AU02	AU03	AU04	AU05	AU06	AU07	AU08	AU09	AU10	AU11	AU12	AU13	AU14	AU15	AU16	AU17	AU18	AU19	AU20	AU21
Cluster 1	5	2	3	5	2	4	5	2	2	2	4	4	1	2	2	2	3	2	1	3	3
Cluster 2	1	1	1	4	1	1	1	1	1	1	2	1	2	1	1	1	1	1	2	1	1
Cluster 3	2	3	2	3	3	2	2	3	3	3	3	2	4	4	3	4	4	4	3	2	4
Cluster 4	4	4	5	1	5	5	4	4	5	4	5	5	3	3	4	3	2	3	5	4	2
Cluster 5	3	5	4	2	4	3	3	5	4	5	1	3	5	5	5	5	5	5	4	5	5

Mittelwert gesamte Stickprobe	5,6489	5,8092	5,8626	6,3130	5,5573	5,2061	6,1908	5,6489	5,9466	3,4504	4,8321	4,9618	5,3053	6,1374	5,4275	6,2443	2,5878	3,2366	3,3435	5,5878	2,7481
Ausprägung	AU22	AU23	AU24	AU25	AU26	AU27	AU28	AU29	AU30	AU31	AU32	AU33	AU34	AU35	AU36	AU37	AU38	AU39	AU40	AU41	AU42
Cluster 1	0,45	-0,01	0,36	0,06	-0,06	-0,61	-0,22	-0,55	-0,35	0,20	-0,28	-0,26	0,29	-0,04	-0,50	-0,02	-0,81	-0,11	0,33	0,16	-0,60
Cluster 2	0,28	0,71	0,48	0,55	0,86	0,45	0,50	0,66	0,47	0,24	0,58	-0,07	0,83	0,48	0,84	0,45	0,34	-0,75	-1,21	0,79	-0,61
Cluster 3	-0,72	-0,09	-0,24	-0,04	0,06	0,41	-0,16	0,04	0,12	0,14	0,20	-0,10	-0,27	-0,07	0,16	-0,07	0,24	0,45	-0,34	-0,24	-0,20
Cluster 4	0,08	-0,16	-0,63	-0,01	-0,71	-0,09	0,23	0,12	-0,06	-0,72	-0,37	0,62	-0,81	-0,10	0,11	0,06	0,22	0,22	0,69	-0,51	1,25
Cluster 5	-1,08	-1,95	-0,72	-2,46	-0,84	0,22	-1,05	-0,22	-0,23	-0,02	-0,26	-0,10	-1,02	-1,14	-0,86	-1,67	1,41	1,05	1,94	-1,30	2,11
Max. Mittelwertdifferenz:	1,53	2,66	1,20	3,00	1,70	1,06	1,55	1,21	0,81	0,96	0,95	0,88	1,85	1,62	1,50	2,12	2,23	1,80	3,15	2,09	2,72
Diff 1 und 3	1,17	0,08	0,60	0,10	0,12	1,02	0,06	0,59	0,47	0,06	0,48	0,16	0,57	0,03	0,66	0,05	1,05	0,56	0,68	0,41	0,40
Ranking pro Ausprägung	AU22	AU23	AU24	AU25	AU26	AU27	AU28	AU29	AU30	AU31	AU32	AU33	AU34	AU35	AU36	AU37	AU38	AU39	AU40	AU41	AU42
Cluster 1	1	2	2	2	3	5	4	5	5	2	4	5	2	2	4	3	5	4	3	2	4
Cluster 2	2	1	1	1	1	1	1	1	1	1	1	2	1	1	1	1	2	5	5	1	5
Cluster 3	4	3	3	4	2	2	3	3	2	3	2	3	3	3	2	4	3	2	4	3	3
Cluster 4	3	4	4	3	4	4	2	2	3	5	5	1	4	4	3	2	4	3	2	4	2
Cluster 5	5	5	5	5	5	3	5	4	4	4	3	4	5	5	5	5	1	1	1	5	1

Quelle: Eigene Darstellung

Literaturverzeichnis

Amann, Andreas (2004): Reflexive Vergemeinschaftung: zu Struktur und Prozess gruppendynamischer Praxis. Diss., Johann Wolfgang-Goethe-Universität Frankfurt. http://publikationen.ub.uni-frankfurt.de/frontdoor/index/index/docId/2344, Zugriff: 24.01.2022.

Antons, Klaus, Ehrensperger, Heidi, Milesi, Rita (2019): Praxis der Gruppendynamik. Übungen und Molle. 10. Auflage. Göttingen: Hogrefe Verlag. ISBN 978-3-8017-2781-9.

Bachmann, Thomas (2017): Coaching and Group Dynamics. In: Schreyögg, Astrid, Schmidt-Lellek, Christoph (Hrsg.): The Professionalization of Coaching. A Reader for the Coach. Wiesbaden: Springer Fachmedien. ISBN 978-3-658-16804-9.

Bachmann, Thomas (2019): Gruppenintelligenz – gemeinsam sind wir besser? Gr Interakt Org 50 (4), S. 397–411. DOI 10.1007/s11612-019-00490-0.

Bachmann, Thomas (2022): Functional Group Positions and Contact Behavior in Problem-Solving Groups. Gr Interakt Org. Published Online. DOI 10.1007/s11612-021-00613-6.

Backhaus, Klaus, Erichson, Bernd, Gensler, Sonja, Weiber, Rolf, Weiber, Thomas (2021): Multivariate Analysemethoden – eine anwendungsorientierte Einführung. 16. Aufl., Wiesbaden: Springer Nature. ISBN 978-3-658-32424-7.

Belbin, Meredith R. (1981): Management Teams - Why They Succeed or Fail. Portsmouth: Heinemann. ISBN 978-0434901265.

Belbin, Meredith R. (2010): Team Roles at Work. Second edition. New York: Routledge. ISBN 978-1-85617-800-6.

Bennis, Waren. G., Shepard, Herbert A. (1956): A Theory of Group Development. In: Human Relations, (4), S. 415–437.

Benne, Kenneth D, Bradford, Leland P., Lippit, Ronald (1950): Group Dynamics and social action. New York: American Education Fellowship.

Berend, Benjamin, Brohm-Badry, Michaela (2020): New Work: Souveränität im postdigitalen Zeitalter - Zeitenwende für Unternehmer, Personalverantwortliche, Coaches und Angestellte. Wiesbaden: Springer Fachmedien. ISBN 978-3-658-29683-4.

Bergmann, Frithjof (1990): Neue Arbeit (New Work). Das Konzept und seine Umsetzung in der Praxis. In: Fricke, Werner (Hrsg.): Jahrbuch Arbeit und Technik, S. 71–80.

Berman-Rossi, Toby (1993): Empowering Groups Through Understanding Stages of Group Development. Social Work with Groups, 15:2-3, S. 239-255, DOI 10.1300/J009v15n02_17.

Bion, Wilfried (1961): Experiences in Groups and other Papers. Reprint 2004. New York: Brunner-Routledge. ISBN: 0-203-35907-0.

Bonebright, Denise A. (2009): 40 years of storming: a historical review of Tuckman's model of small group development. Human Resource Development International, Vol. 13, No. 1, February 2010, S. 111–120.

Bortz, Jürgen, Schuster, Christof (2010): Statistik für Human- und Sozialwissenschaftler. 7. Aufl., Berlin: Springer Verlag. ISBN 978-3-642-12769-4.

Bundesagentur für Arbeit (2020): Sozialversicherungspflichtige Beschäftigung. https://statistik.arbeitsagentur.de/DE/Statischer-Content/Statistiken/Themen-im-Fokus/Berufe/AkademikerInnen/Allgemeiner-Teil/Generische-Publikationen/1-5-Sozialversicherungspflichtige-Beschaeftigung.pdf, Zugriff: 24.01.2022.

Burnes, Bernard (2004): Kurt Lewin and the Planned Approach to Change: A Re-appraisal. Journal of Management Studies 41:6 September 2004, S. 977–1002.

Busch, Michael W., Link, Karin (2021): Was macht Agilität mit Macht?. Journal für Psychologie, 29. Jg., Nr.1, 2021, S. 9–38. DOI 10.30820/0942-2285-2021-1-9.

Cummings, Stephen, Bridgman, Todd, Brown, Kenneth G. (2016): Unfreezing change as three steps: Rethinking Kurt Lewin's legacy for change management. Human Relations 2016, Vol. 69(1), S. 33–60. DOI 10.1177/0018726715577707.

Döring Nicola, Pöschl, Sandra (2016): Forschungsmethoden und Evaluation in den Sozial- und Humanwissenschaften, 5. Auflage. Berlin: Springer Verlag. ISBN ISBN 978-3-642-41088-8.

Eckert, Jochen (2007): Gruppenpsychotherapie. In: Reimer, Christian, Eckert, Jochen, Hautzinger, Martin, Wilke, Eberhard (Hrsg.): Psychotherapie. 3. Auflage. Heidelberg: Springer Medizin Verlag. ISBN: 978-3-540-29987-5.

Ermann, Michael (2017): Psychodynamische Gruppentherapie - Woher und wohin?. Forum Psychoanal, 2017, 33, S. 279–288. DOI 10.1007/s00451-017-0279-6.

Evans, Karoline, Sanner, Bret (2021): Informal Hierarchy Strength Changes and Their Effect on Performance. Group & Organization Management 2021, S. 1–40.

Fengler, Jörg (1981): Grenzen der Gruppendynamik. In: Bachmann, Claus Henning (Hrsg.): Kritik der Gruppendynamik – Grenzen und Möglichkeiten sozialen Lernens. Frankfurt am Main: Fischer Taschenbuch Verlag. ISBN 3-596-26718-8.

Fisher, S. G, Hunter, T. A., Macrosson, W. D. K. (1998): The structure of Belbin's team roles. Journal of Occupational and Organizational Psychology (1998), 71, S. 283–288.

Georgi, Ralf (2021): Das Hütchenspiel der New Work. Gr Interakt Org (2021), 52, S. 435–439. DOI 10.1007/s11612-021-00568-8.

Geramanis, Olaf (2017): mini-handbuch Gruppendyanmik. 1. Auflage. Weinheim Basel: Beltz Verlag. ISBN 978-3-407-36641-2.

Gray, Bradford H., Sarnak, Dana O., Burgers, Jako S. (2015): Home Care by Self-Governing Nursing Teams: The Netherlands' Buurtzorg Model. Commonwealth Fund pub. 1818, Vol. 14. DOI 10.26099/6CES-Q139.

Hackl, Benedikt, Wagner, Marc, Attmer, Lars, Baumann, Dominik (2017): New Work: Auf dem Weg zur neuen Arbeitswelt. Wiesbaden: Springer Fachmedien. ISBN 978-3-658-16265-8.

Hain, Johannes (o.J.): Varianzanalyse – ANOVA. https://www.uni-wuerzburg.de/fileadmin/10040800/user_upload/hain/SPSS/ANOVA.pdf, Zugriff: 24.01. 2022.

Harramach, Niki; Köttritsch, Michael; Veličković, Nina (2019): Wir sind Team. Wiesbaden: Springer Fachmedien. ISBN 978-3-658-21983-3.

Hare, A. Paul (1973): Theories of Group Development and Categories for Interaction Analysis. Small Group Research (reprint 2009), 41 (1), 106–140. Thousand Oaks: SAGE Publishing. DOI: 10.1177/1046496409359503.

Hare, A. Paul (1994): Types of roles in small groups: A bit of history and a current perspective. Small Group Research, 25, 433–448. Thousand Oaks: SAGE Publishing.

He, Jinyu, Huang, Zhi (2011): Board informal hierarchy and firm financial performance: exploring a tacit structure guiding boardroom interactions. Academy of Management Journal 2011, Vol. 54, No. 6, 1119–1139. DOI 10.5465.amj. 2009.0824.

Hennerfeind, Peter; Hennerfeind, Barbara; Swoboda, Regina (2020): Soziale Aspekte der Führung. Wiesbaden: Springer Fachmedien. ISBN 978-3-658-29509-7.

Hofert, Svenja (2018): Agiler führen. Wiesbaden: Springer Fachmedien. ISBN 978-3-658-18560-2.

Kallus, Wolfgang (2016): Erstellung von Fragebogen. 2. Aufl.. Wien: Facultas. ISBN 978-3-8252-4465-1.

König, Oliver (2003): Editorial. In: Strauß, Bernhard (Hrsg.): Gruppenpsychotherapie und Gruppendynamik - Beiträge zur Sozialpsychologie und therapeutischen Praxis. Göttingen: Vandehoeck & Ruprecht.

König, Oliver, Schattenhofer, Karl (2018): Einführung in die Gruppendynamik. 9. über-arbeitete Auflage. Heidelberg: Carl-Auer Verlag. ISBN 978-3-8497-0172-7.

König, Oliver, Schattenhofer, Karl (o.J.): Ein Begriff – Drei Bedeutungen. https://www.dggo.de/de/gruppendynamik-und-organisationsdynamik/gruppendynamik, Zugriff: 24.01.2022.

Krege, Wolfgang (1977): Begriffe der Gruppendynamik. Stuttgart: Klett-Cotta. ISBN 3-12-904920-7.

Kreitzer, Mary Jo, Monsen, Karen A., Nandram, Sharda, de Blok, Jos (2015): Buurtzorg Nederland: A Global Model of Social Innovation, Change, and Whole-Systems Healing. Global Adv Health Med. 2015, (4)1, S. 40–44. DOI: 10.7453/gahmj.2014.030.

Kritsonis, Alicia (2004): Comparison of Change Theories. International Journal of Scholarly Academic Intellectual Diversity, Volume 8, Number 1, 2004-2005.

Laloux, Frederic (2014): Reinventing Organiszations – A Guide to Creating Organizations Inspired by the Next Stage of Human Conscoiusness. Brüssel: Nelson Parker. ISBN 978-2960133509.

Lamatsch, Judith, Tippe, Andrea (2016): Raoul Schindler: Eine Biografie. In: Spaller, Christina, Wirnschimmel, Konrad, Tippe, Andrea, Lamatsch, Judith, Margreiter, Ursula, Krafft-Ebbing, Ingrid, Ertl, Michael (Hrsg.): Das lebendige Gefüge der Gruppe. Ausgewählte Schriften (2016). Wien: Psychosozial-Verlag. ISBN 978-3-8379-2514-2.

Lewin, Kurt, Lippit, Ronald, White, Ralph K. (1939): Patterns of aggressive behavior in experimentally created social climates. Journal of Social Psychology, 10:2, S. 271–299.

Lewin, Kurt (1947): Frontiers in Group Dynamics: Concept, Method and Reality in Social Science; Social Equilibria and Social Change. Human Relations 1947 1: 5. DOI: 10.1177/001872674700100103.

Lewin, Kurt (1953): Die Lösung sozialer Konflikte: Ausgewählte Abhandlungen über Gruppendynamik. Hrsg. von Gertrud Weiss Lewin. Christian-Verlag. Bad Nauheim: Christian-Verlag. ISBN 978-3-920170-05-3.

Lindner, Traugott (1996): Lindner im Interview mit Gerhard Schwarz. In: Schwarz, Gerhard, Heintel, Peter, Weyrer, Stattler, Helga (Hrsg.): Gruppendynamik. Geschichte und Zukunft. 2. Auflage. Wien: WUV-Universitätsverlag. ISBN 3-85114-247-0.

Lindner, Traugott (2012): In Memoriam Traugott Lindner. https://www.youtube.com/watch?v=in6mD_GgMI0&t=286s. Zugriff: 30.01.2022.

Luft, Joseph (1961): The Johari Window: A Graphic Model of Awareness in Interpersonal Relations. NTL Human Relations Training News, 5(1), 6-7.

Luft, Joseph (1977): Einführung in die Gruppendynamik. Stuttgart: Ernst Klett Verlag. ISBN 3-12-905420-0.

Magee, Joe C., Galinsky, Adam D. (2008): Chapter 8: Social Hierarchy: The Self-Reinforcing Nature of Power and Status. The Academy of Management Annals,2:1,351–398. DOI 10.1080/19416520802211628.

Maierhof, Gudrun (2018): Soziale Gruppenarbeit. In: Graßhoff, Gunther, Renker, Anna, Schröer, Wolfgang (Hrsg.): Soziale Arbeit – eine elementare Einführung. Wiesbaden: Springer Fachmedien. ISBN 978-3-658-15665-7.

Majce-Eggers, Maria (1999): Gruppentherapie, Gruppendynamik, Dynamische Gruppenpsychotherapie: Theoretische Grundlagen, Entwicklungen und Methoden. Wien: Facultas. ISBN 978-3850764827.

Margreiter, Ursula, Krafft-Ebbing, Ingrid, Ertl, Michael (Hrsg.): Das lebendige Gefüge der Gruppe. Ausgewählte Schriften (2016), S. 29–48. Wien: Psychosozial-Verlag. ISBN 978-3-8379-2514-2.

Miller, Diane L. (2003): The Stages of Group Development: A Retrospective Study of Dynamic Team Processes. Canadian Journal of Administrative Sciences, 20(2), S. 121–134.

Moreno, Jacob. L. (1960): The Sociometry Reader. Illinois: Free Press of Glencoe.

Moreno, Jacob. L. (1967): Die Grundlage der Soziometrie. Wege zur Neuordnung der Gesellschaft. 2. Auflage. Köln und Opladen: Westdeutscher Verlag.

Nandram, Sharda (2014): Organizational innovation and integrated care: lessons from Buurtzorg. Journal of Integrated Care. 22(4), 2014, S. 174–184. DOI 10.1108/JICA-06-2014-0024.

Oedzes, Jacoba J., Van der Vegt, Gerben S., Rink, Floor A., Walter, Frank (2017): On the origins of informal hierarchy: The interactive role of formal leadership and task complexity. Journal of Organizational Behavior, 40, 311–324. DOI 10.1002/job.2330.

Osterchrist, Renate, Perger, Marion (2001): Gruppen unter weiblicher und männlicher Führung. Opladen: Leske + Budrich Verlag. ISBN 978-3810032904.

Österreichische Gesellschaft für Gruppendynamik und Organisationsberatung (o.J.): Definition von Gruppendynamik. https://www.oeggo.at/4760-2/#anwendungsfelder, Zugriff: 24.01.2022.

Rechtien, Wolfgang (2017): Angewandte Gruppendynamik – Ein Lehrbuch für Studierende und Praktiker. Weinheim: Verlagsgruppe Beltz. ISBN 978-3-621-27608-5.

Robbins, Stephen P., Judge, Timothy A. (2013): Organizational Behavior. 15. Ed. New Jersey: Pearson Education. ISBN 978-0-13-283487-2.

Robertson, Brian J. (2016): Holacracy – The Revolutionary Management System that Abolishes Hierarchy. Great Britain: Penguin Random House. ISBN: 978-0-241-20586-0.

Röck-Svoboda, Waltraud (1993): Das Rangdynamische Positionsmodell nach Raoul Schindler. Verbatim (Abschrift) nach einem Interview mit Prim. Univ. Doz. Dr. Raoul Schindler. https://www.roeck-svoboda.at/beraten/gruppen-u-rangdynamik/, Zugriff: 24.01.2022.

Saxena, Parul (2015): Johari Window: An Effective Model for Improving Interpersonal Communication and Managerial Effectiveness. SIT Journal of Management, Vol. 5. No. 2. December 2015, S. 134–146. ISSN 2278-9111.

Schein, Edgar H. (2010): Organizational Culture and Leadership. 4. Ed. San Francisco: Jossey-Bass. ISBN 978-0-470-18586-5.

Schindler, Raoul (1957): Grundprinzipien der Psychodynamik in der Gruppe. Psyche. Band 11, Nr. 5, S. 308–314. Gießen: Klett Cotta/Psychosozial-Verlag.

Schindler, Raoul (1957a): Soziodynamik der Krankenstation. In: Spaller, Christina, Wirnschimmel, Konrad, Tippe, Andrea, Lamatsch, Judith, Margreiter, Ursula, Krafft-Ebbing, Ingrid, Ertl, Michael (Hrsg.): Das lebendige Gefüge der Gruppe. Ausgewählte Schriften (2016). Wien: Psychosozial-Verlag. ISBN 978-3-8379-2514-2.

Schindler, Raoul (1968): Was lehrt uns die Gruppenerfahrung für das Verständnis der Psychodynamik bei schizophrenen Psychosen? Gruppenpsychotherapie und Gruppendynamik. Heft 1, S. 41–51. Göttingen: Vandenhoeck & Ruprecht.

Schindler, Raoul (1969): Das Verhältnis von Soziometrie und Rangordnungsdynamik. Gruppenpsychotherapie und Gruppendynamik (2008). Heft 44, S. 20–26. Göttingen: Vandenhoeck & Ruprecht.

Schneider, Tomas (2020): Agil, hierarchiefrei und selbstorganisiert im New Work oder überwältigt von Systemstrukturen und unterdrückten gruppendynamischen Prozessen im New Office. Gr Interakt Org (2020), 51, S. 469–479. DOI 10.1007/s11612-020-00546-6.

Schneidhofer, Thomas M. (2015): Von Alpha-Weibchen bis Omega-Männchen: Rangordnungsdynamik steuert selbstorganisierte Teams. personal manager 4/2015. Mannheim: HRM Research Institute.

Schwarz, Gerhard (1997): Zum Verhältnis der Geschlechter in der Gruppendynamik, Gruppendynamik, Heft 1, 28. Jg. Stuttgart: Ernst Klett.

Schwarz, Gerhard (2005): Lewin und die Anfänge der Gruppendynamik – ein Schöpfungsmythos. In: Iwers-Stelljes, Telse (Hrsg.): Gruppendynamik und Organisationsberatung. Zeitschrift für die Entwicklung von Gruppen, Personen und Organisationen. 46. Jahrgang, Heft 3-4, Dezember 2015. Wiesbaden: Springer Fachmedien. ISSN 1618-7849.

Sonenshein, Scott (2010): We're Changing – or are we? Untangling the Role of Progressive, Regressive and Stability narratives during strategic change implementation. The Academy of Management Journal, 53(3), S. 477–512.

SoSci Survey GmbH (2019): Kontaktdaten getrennt erheben. https://www.soscisurvey.de/help/doku.php/de:create:questions:contact, Zugriff: 24.01.2022.

Spaller, Christina (2018): Das lebendige Gefüge der Gruppe. Plädoyer für eine kritische Relektüre der Rangdynamik nach Raoul Schindler. Gruppe. Interaktion. Organisation. Zeitschrift für Angewandte Organisationspsychologie (GIO), Heft 49, S. 405–412. Wiesbaden: Springer Fachmedien. DOI 10.1007/ s11612-018-0436-4.

Stahl, Eberhard (2017): Dynamik in Gruppen. Handbuch der Gruppenleitung. 4. Aufl. Weinheim: Verlagsgruppe Beltz. ISBN 978-3-621-25514-8.

Steiner, Elisabeth, Benesch, Michael (2021): Der Fragebogen – Von der Forschungsidee zur SPSS-Auswertung. 6. Auf., Wien: Facultas. ISBN 978-3-8252-8788-7.

Strayer, Fred, Strayer, Janet (1976): An Ethological Analysis of Social Agonism and Dominance Relations among Preschool Children. Child Development, Dec., 47(4), S. 980–989.

Stürmer, Stefan, Siem, Birte (2013): Sozialpsychologie der Gruppe. München: Ernst Reinhardt Verlag. ISBN 9-3-8252-3877-3.

Stützle-Hebel, Monika (2020): „Sei ganz da!“ Eine feldtheoretische Konzeption von Gegenwärtigkeit als Grundprinzip agiler Arbeitsformen. Organisationsberatung, Supervision, Coachin, 27(3), S. 299–312. DOI 10.1007/s11613-020-00661-9.

Tajfel, Henri, Billig, M. G., Bundy, R. P. (1971): Social categorization and intergroup behavior. Eur. 1. SOC. Psychol. I (Z), S. 149–178.

Tamm, James W., Luyet, Ronald J. (2005): Radical Collaboration: Five Essential Skills to Overcome Defensiveness and Build Successful Relationships. New York: HarperCollins. ISBN 978-0060742515.

Tippe, Andrea (2016): Entwicklung der Gruppendynamik in Österreich: Schindler im Feld. In: Spaller, Christina, Wirnschimmel, Konrad, Tippe, Andrea, Lamatsch, Judith, Margreiter, Ursula, Krafft-Ebbing, Ingrid, Ertl, Michael (Hrsg.): Das lebendige Gefüge der Grup-pe. Ausgewählte Schriften (2016). Wien: Psychosozial-Verlag. ISBN 978-3-8379-2514-2.

Tuckman, Bruce W. (1965): Development Sequence in Small Groups. Psychological Bulletin 1965, Vol. 63, No. 6, S. 384–399.

Tuckman, Bruce W., Jensen, Mary Ann C. (1977): Stages of Small-Group Development Revisited. Group & Organization Studies, 2(4), S. 419–427.

Ullmann, Gisela, Jörg, Urs (2018): Arbeiten in und mit Gruppen. In: Lippmann, Eric, Pfister, Andres (Hrsg.): Handbuch Angewandte Psychologie für Führungskräfte. 5. Auf., Berlin: Springer Nature. ISBN 978-3-662-55809-6.

Vatter, Peter (2022): Working Paper: Informelle Hierarchie - Modellierung rangdynamischer Konflikte im Arbeitskontext der Digitalisierung. http://www.petervatter.de/Informelle_Hierarchie_(Working_Paper).pdf, Zugriff: 04.02.2022.

van de Water, Henny, Ahaus, Kees, Rozier, Robert (2008): Team roles, team balance and performance. Journal of Management Development, Vol. 27 No. 5, 2008, S. 499–512.

von Ameln, Falko, Becker-Ebel, Jochen (2020): Fundamentals of Psychodrama. Singapore: Springer Nature. ISBN 978-981-15-4426-2.

Walther, Björn (2019): Ausreißer in SPSS finden. https://bjoernwalther.com/ausreisser-in-spss-finden/, Zugriff: 22.01.2022.

Weber, Hannelore, Rammsayer, Thomas (2012): Differentielle Psychologie – Persönlichkeitsforschung. Göttingen: Hogrefe Verlag. ISBN 978-3-8017-2172-5.

Werro, Evelyn (2017): Gruppendynamische Aspekte agiler Frameworks. Agile Teams im Spannungsfeld von Zugehörigkeit, Macht und Intimität. Wiesbaden: Springer Fach-medien Wiesbaden. ISBN 978-3-658-19377-5.

Wheelan, Susan A. (2009): Group Size, Group Development, and Group Productivity. Small Group Research, Volume 40, Number 2, April 2009, S. 247-262. DOI 10.1177/1046496408328703.

Wiedenbeck, Michael, Züll, Cornelia (2010): Clusteranalyse. In: Wolf, Christof, Best, Henning (Hrsg.): Handbuch der sozialwissenschaftlichen Datenanalyse. 1. Auflage. Wiesbaden: Springer Fachmedien. ISBN 978-3-531-16339-0.

Wimmer, Rudolf (2008): Das besondere Lernpotenzial der gruppendynamischen T-Gruppe. Seine Bedeutung für die Steuerung des Kommunikationsgeschehens in komplexen Organisationen. In: Heintel, Peter (Hrsg.): TEAM. Dynamische Prozesse in Gruppen. 2. Aufl. Wiesbaden: VS Verlag für Sozialwissenschaften. ISBN 978-3-531-16260-7.

Yalom, Irvin D. (1974): Gruppenpsychotherapie. München: Kindler. ISBN 3-463-00598-0

Der Autor

Philip Diszlberger, geb. 1993 in Fürth, begann seine Karriere 2012 mit einem Dualen Studium bei der Atos Information Technology GmbH. Dabei absolvierte er das Studium zum Bachelor of Arts in „Business Administration“, sowie die IHK-Ausbildung zum Fachinformatiker mit dem Schwerpunkt Systemintegration.

Ab 2018 schloss er ein berufsbegleitendes Masterstudium in „Business Consulting and Digital Management“ (M.Sc.) an der FOM Hochschule für Oekonomie und Management in Nürnberg an, welches er 2022 erfolgreich beendete.

Zeitgleich arbeitete er für namhafte IT-Dienstleister und Unternehmensberatungen, wie etwa Atos Information Technology GmbH oder Capgemini SE.

Wie in vielen anderen Unternehmen wurden auch hier zunehmend agile Projektmanagementmethoden eingesetzt. Durch seine Beratungstätigkeit und seinen Einsatz in verschiedenen Branchen, konnte er jedoch beobachten, wie unterschiedlich die Reaktionen der Beteiligten und der Erfolg dabei waren. Während manche Unternehmen derlei Methoden schon länger und sehr wohl erfolgreich anwendeten, ging der Einsatz bei anderen mit großen Unsicherheiten und Unruhen im Team einher.

Dies veranlasste ihn, im Rahmen seiner hier vorliegenden Masterarbeit den Einflussfaktoren und den Wirkmechanismen auf die informelle Hierarchie nachzugehen. Das vorliegende Buch stellt die Ergebnisse seiner Untersuchungen dar.

Die Reihe „Informelle Hierarchie & Rangdynamik"

Der Begriff „Informelle Hierarchie & Rangdynamik" umfasst ein neuartiges Führungsverständnis, nachdem das Bilden von Hierarchien ein natürlicher Drang von Menschen ist. Führung und Autorität werden im Gegensatz zu anderen Ansätzen nicht abgelehnt, sondern als natürlicher Teil der Gruppendynamik betrachtet. Viel mehr kommt es darauf an, wie das führende Individuum seine Macht ausübt und dass dessen Ziele dem Gemeinwohl dienen.

Das Ziel des Ansatzes liegt darin, die informelle Hierarchie auf eine der gesamten Organisation dienende Art und Weise zu gestalten und rangdynamische Konflikte konstruktiv zu lösen. Im Idealfall führt zu einer höheren Performanz und geringeren psychischen Belastungen innerhalb des Teams.

Diesem Leitgedanken folgend werden in der vorliegenden Reihe wissenschaftliche Beiträge veröffentlich. Zentrale Fragen beschäftigen sich mit den Mechanismen, wie Menschen eine informelle Hierarchie bilden, welche Neigungen einzelne Menschen hinsichtlich ihrer rangdynamischen Rolle besitzen und was die Auswirkungen bestimmter Gruppenstrukturen sind. Weiter soll untersucht werden, wie Führungskräfte befähigt werden können, um ihre Führungsrolle verantwortungsvoll und angemessen ausfüllen zu können.

- www.informelle-hierarchie.de